成 事

智慧型精英做事的 99 个思维方式

[日] 永松茂久 著

陶思瑜 译

机 械 工 业 出 版 社

"无论怎么努力都做不好""运气怎么这么差"。想必很多人都会有这样的想法。当下,焦虑度日的人在激增。然而也有另一群人,即使面临环境的压力,也能处理好人际关系、金钱、工作、恋爱等问题,让生活充实而顺利。出现这种差异的最根本原因便是思维方式的不同。因此,适当转变视角,一切就可能发生翻天覆地的变化。

本书写给正处于焦虑与负面情绪中的你。翻开本书,学习成功人士的思维方式,也许你就会发现人生的转折点,将成功与幸福揽入怀中。

UMAKU IKU HITO NO KANGAEKATA
Copyright ©2022 Shigehisa Nagamatsu
Original Japanese edition published by SB Creative Corp.
Simplified Chinese translation rights arranged with SB Creative Corp.,
through Copyright Agency of China, ltd.
This edition is authorized for sale in the Chinese mainland (excluding Hong Kong SAR, Macao SAR and Taiwan) .
此版本仅限在中国大陆地区(不包括香港、澳门特别行政区及台湾地区)销售。
北京市版权局著作权合同登记　图字:01-2023-0503 号。

图书在版编目(CIP)数据

成事:智慧型精英做事的99个思维方式/(日)永松茂久著;陶思瑜译.—北京:机械工业出版社,2023.4
ISBN 978-7-111-73048-4

Ⅰ.①成⋯　Ⅱ.①永⋯ ②陶⋯　Ⅲ.①人生哲学-通俗读物　Ⅳ.①B821-49

中国国家版本馆CIP数据核字(2023)第071297号

机械工业出版社(北京市百万庄大街22号　邮政编码100037)
策划编辑:刘怡丹　　　　责任编辑:刘怡丹
责任校对:龚思文　王明欣　责任印制:单爱军
北京联兴盛业印刷股份有限公司印刷
2023年7月第1版第1次印刷
145mm×210mm・7.75印张・127千字
标准书号:ISBN 978-7-111-73048-4
定价:65.00元

电话服务　　　　　　　　网络服务
客服电话:010-88361066　机　工　官　网:www.cmpbook.com
　　　　　010-88379833　机　工　官　博:weibo.com/cmp1952
　　　　　010-68326294　金　书　网:www.golden-book.com
封底无防伪标均为盗版　机工教育服务网:www.cmpedu.com

只要转变视角，就能事半功倍

年收入 300 万日元的人与年收入 1 亿日元的人相比，两者的收入单纯从数字上来看相差了约 33 倍。这是否说明，年收入 1 亿日元的人的工作量是年收入 300 万日元的人的工作量的 33 倍呢？

当然不是。从生理学上来说这也是绝对不可能的。反倒是大多数年收入 300 万日元的人在抓紧一切时间拼命工作。

年收入 1 亿日元的人之所以能够赚到 1 亿日元，是因为他们发现了赚 1 亿日元的方法。

最为关键的是，他们认为自己能够做到年收入 1 亿日元。

相较年收入 1 亿日元的人，年收入 300 万日元的人往往会把目标设定为"年收入达到 1000 万日元"。在大多数情况下，别人听到后要么大吃一惊，反问："1000 万日元吗？"要么会直接说："不可能。"这是为什么呢？

因为他们没有能赚到 1000 万日元的方法。

更重要的是，他们认定"年收入不可能达到 1000 万日元"。

那么，事事顺利的精英们是因为从一开始就一帆风顺，所以才取得现在的成就吗？

我敢断言，这是绝对不可能的。反倒是因为精英们尝试得多，所以比普通人经历过更多的失败。普通人往往不能理解，为什么精英们能够越挫越勇、坚持不懈。

虽然人们评价精英时常常会说："那是一个不屈不挠的人""这个人的内心不是一般的强大"。但事实上，精英们并没有什么不同寻常之处。至少我至今没有遇到过非同寻常的精英，世界上所有人的大脑构造都是一样的。

精英与普通人唯一不一样的地方是，他们观察事物的角度不一样。换言之，就是思维方式不一样。

我写这本书的意图是，希望能让正在看这本书的你掌握精英们的思维方式。

你好！我叫永松茂久。我经营过小餐馆，写过书，在出版行业干过，现在经营着一家以演讲为核心业务的人才培养教育公司。我拥有二十多年的经商经验，唯一值得炫耀的是，我一直都在研究精英们如何观察事物，从何种角度进行思考。

我从中归纳总结出了精英们的共同点，并形成了理论体系。所以，我现在能够跟大家讲述精英们的思维方式。

大多数人看到精英时都会主观臆断地认为，"那个人肯定付出了数倍于常人的努力"。但实际情况并不一定如此。

正如我刚才说过的那样，精英们或许并没有付出数倍于普通人的努力。只不过，大多数普通人在观察与思考问题时拘泥于常识和成规，而精英们却擅长于打破常识和成规，发现"漏洞"。

正是因为精英们能够发现常识和成规背后隐藏的"漏洞"，并主动采取行动，所以他们能够获得不一样的结果。

只要你能像精英们一样思考问题，或者说转变思维方式，你也能避免做无用功，轻松地成为精英中的一员。

如果毫无头绪地盲目努力，反倒有可能会走上歧途，与成功渐行渐远。

假如你属于"无头苍蝇"类型的人，那我真心建议你暂时放弃一直以来的努力方式，先专注于转变你的思维方式。

通过阅读本书，你将获益匪浅。比如：

- 掌握事半功倍的思维方式；
- 避免徒劳无功，内心变得轻松；
- 明白过去的失败和成功的原因；
- 人际关系会变得非常简单；
- 发现"无往不利"原来如此简单；
- 对未来的焦虑不安将变成对未来的憧憬；

- **不再做无用功；**
- **变得充满自信。**

本书简明易懂，引人入胜。

本书并不只是写给商务人士、企业高层或一些从事特殊职业的人看的，我希望本书的读者群范围能够更广泛一些。本书面向所有想获得成长的人，不分男女老少，超越年龄和职业的限制。

本书专注于传授本质性的深度内容，而不只是讲授表面的具体技巧。只要读者能够掌握精英的思维方式，并在自己生活的各个场景中进行实践，那么你的工作、人际关系、沟通交流和理财等事项都会"无往不利"。

在这本书里，我用浅显易懂的语言将精英思维方式的实质要点浓缩成了99篇小短文。

读者既可以从第一页开始读起，也可以只挑选自己感兴趣的章节来读。

但我有一个请求。

我在每篇短文后面都留了一个简单的问题。请大家在阅读的时候先看一下该问题，然后，再回过头来边读正文边思考。

如此一来，那些问题就能成为督促读者审视自我的切入口。这些问题将帮助读者发现自己与精英们的差异所在。

前　言

　　读者如果能够养成反思的习惯，那么就能在潜移默化中逐渐掌握精英的观察视角和思维方式。

　　当读者能够信心满满地用"YES"或"NO"来回答每篇小短文后面给出的问题时，读者就将迎来一帆风顺的人生。

　　我再说一遍。

　　如果你现在的人生不顺利，那不是因为你不够努力，而只是由于没有掌握精英的思维方式而已。 所以，无论你现在有多么不顺利，也完全用不着放弃。

　　你身上可能潜藏着你尚未察觉的巨大可能性。只要能够掌握精英的思维方式，你将远比现在更加轻松地发现自己的巨大潜能。

　　如果本书能帮助你发现自身的潜能，那真是太棒了。

　　你准备好了吗？

　　让我们一起开始学习精英的思维方式吧。

目录

前言 只要转变视角,就能事半功倍

第一章 精英不同寻常的思维方式 / 001

    01 质疑理所当然 / 003

    02 马上满足愿望 / 005

    03 改变"惯例" / 007

    04 行动之前坚信一切都会顺利 / 009

    05 选择松、竹、梅中的松 / 011

    06 没有执念 / 013

    07 认为事情的成败取决于人心 / 015

    08 有主见 / 017

    09 能够看清对方的问题 / 019

    10 将常人遗漏的事情做到尽善尽美 / 021

    11 优雅快乐地思考 / 023

    12 重视直觉 / 025

    13 坚持自己的原则 / 027

第二章 精英如何战胜烦恼 / 029

    14 放弃不必要的东西 / 031

15 不拘泥于细枝末节 / 033

16 即使下雨也不叹气 / 035

17 不与他人作比较 / 037

18 重视社交距离 / 039

19 不让他人的评价影响自己的决定 / 041

20 认为一切都是必然的 / 043

21 认为可以改变过去 / 045

22 边做边想 / 047

23 先一个人开始行动 / 049

24 将逆境视作事情的开始 / 051

25 摔倒后马上爬起来 / 053

26 绝不一个人扛事 / 055

27 绝不无底线地忍耐 / 057

28 不把年龄当借口 / 059

29 保证身边有赞赏自己的人 / 061

第三章 精英如何珍惜自我 / 063

30 感谢自己 / 065

31 放弃做一个八面玲珑的人 / 067

32 不把讨厌的人放在心上 / 069

33 远离充满恶意的环境 / 071

34 原谅自己 / 073

35 绝不自卑 / 075

36 绝不为难自己 / 077

37 绝不让自己无所事事 / 079

38 坚守与自己的约定 / 081

39 列举自己的优点 / 083

40 保证日程安排留有余地 / 085

第四章 **精英如何处理人际关系 / 087**

41 谨记所有人都渴望幸福 / 089

42 将赞美留给他人 / 091

43 演绎反差 / 093

44 积攒幸运 / 095

45 让人舒心 / 097

46 认真对待"低效率"的工作 / 099

47 不忘反馈 / 101

48 善于表达谢意 / 103

49 时常保持好心情 / 105

50 请前辈吃饭 / 107

51 至少表达 4 次谢意 / 109

52 减少"应该" / 111

53 不吹嘘炫耀 / 113

54 不惧怕任何对手 / 115

55　不吃独食 / 117

　　56　不讲客气 / 119

　　57　不压抑温柔 / 121

　　58　能够换位思考 / 123

第五章　精英的习惯力 / 125

　　59　养成肯定的习惯 / 127

　　60　重视语言环境 / 129

　　61　常说"我很幸运" / 131

　　62　鼓励他人 / 133

　　63　养成破解他人意图的习惯 / 135

　　64　把书籍当作信息源 / 137

　　65　反复品读喜欢的书 / 139

　　66　训练行动力 / 141

　　67　增加行动量 / 143

　　68　注意形象 / 145

第六章　精英如何提升自我 / 147

　　69　持续改变自我 / 149

　　70　对成功信息保持敏感 / 151

　　71　拥有超厉害的强项 / 153

　　72　发挥长处 / 155

　　73　明确为什么 / 157

74 不找做不到的借口 / 159

75 想做就马上做 / 161

76 在现在的位置上发光发热 / 163

77 坚持终身学习 / 165

78 拥有好老师 / 167

79 主动接受影响 / 169

80 提高接触成功者的频率 / 171

81 乐意接受教导 / 173

82 养成记笔记的习惯 / 175

83 不忘最初的喜悦 / 177

84 心存敬意 / 179

85 不找成功者的缺点 / 181

86 关注自我 / 183

87 不走捷径 / 185

88 全力以赴 / 187

89 擅长放松 / 189

90 不满足于现状 / 191

第七章　精英如何创造未来 / 193

91 积累小成功 / 195

92 尽人事，听天命 / 197

93 胸怀鸿鹄之志 / 199

94 用简单明了的语言描述梦想 / 201

95 公开梦想 / 203

96 每天满怀期待地朝着实现梦想前进 / 205

97 助力他人的梦想 / 207

98 成为他人的梦想 / 209

99 保持成长 / 211

结语——促使我们成长的事物 / 213

人生越来越好的 99 个成长事项核对表 / 217

第一章

精英不同寻常的思维方式

01　质疑理所当然

我们熟知的那些常识真的都是正确的吗？有些事情我们认为理所当然，别人也会这样想吗？答案是否定的。

日本的圣诞老人坐雪橇，澳大利亚的圣诞老人坐的却是冲浪板。江户时代，家世决定了一个人的一生；而现在，努力和人品比家世对一个人的未来影响更大。

由此可见，很多人都相信的常识并不见得都是对的。如果时代、环境、位置发生了变化，自己熟知的常识可能就会变成别人眼里的不合常理。

精英习惯于寻找常识的漏洞。因为如果按照常识来思考，会很容易被常识所束缚，也就无法发现其他的可能性。

当你希望事情进展顺利时，请记得质疑一下常识。如果思维方式是符合常识的，那就不可能获得异于常人的结果。

精英并非比普通人更努力。只不过，精英能够发现人们因为拘泥于常识而遗漏的东西。

只要你不会因为很多人都觉得理所当然就人云亦云，养成习惯寻找常识背后隐藏的漏洞，就能轻松地让人生变得顺利。

> **让自己成长的问题 01**

你会墨守成规吗？

☐ YES　　　☐ NO

02　马上满足愿望

十多年前，在我的餐馆、演讲事业和出版公司都基本走上正轨的时候，经人介绍，我原本有机会买下一个我从20岁开始就憧憬和渴望的东西，但当时我却犹豫了。

"怎么办？虽然现在买得起，但要不要先存点钱再买？"就在我犹豫不决时，老家大分县的一位餐饮业成功人士建议我说："遇到了真正想要的东西，就赶紧买回来。"

我说："不，我还是想先攒点钱之后再买。"

成功人士说："**假设你把那个东西买回家。虽然它不是食物，但你是不是光看着它就能吃下一碗大米饭？**"

"是的。"

"既然那么喜欢，那就买呗。先买先享受。这样会让你拥有更多的赚钱动力。"

就因为这句话，我买下了那个东西。实际上，我真的是光看着它就能吃下一碗大米饭，非常满足。

经此一事，我明白了，在决定是否购买某个东西时，精英会选择马上买下自己真正想要的东西。然后，将获得的满足感转化为新能量，促使自己更加努力工作，攀登事业新高峰。

如果你想要什么东西，那么就在力所能及的范围内尽快地满足自己，这不失为一种催人奋进的好办法。

| 让自己成长的问题 02 |

你会延时满足自己的欲望吗？

☐ YES　　　　☐ NO

03　改变"惯例"

由于精英擅长发现常识背后的漏洞,所以精英不会像大多数人一样随波逐流。精英在开始行动之前,会事先转变一下看事情的角度。

精英会质疑事情的大前提。

用更简单的语言来说,大前提就是指"惯例"。

比如,大学生一般从大三下学期开始就全身心地投入到求职中去。而此时精英却会想:"虽然大家都在找工作,但是大学毕业了就必须要找工作吗?其实也可以自己创业啊!"

如果只能在他人提供的大前提下进行思考,换而言之,就是任由自己活在别人设置的条件下,那么从某种意义上来说,这样的生活的确是轻松的。但换一个角度来看,却是不自由的。

精英往往会按照自己的逻辑进行思考,自己制定大前

提和规则。

也就是说,精英不是从被提供的选项中去选择正确答案,而是花时间去思考如何将自己的选择变成正确答案。

精英的思维方式是"自己制定规则"。所以,他们思考问题的范围会大幅度地扩大。由于精英不会被常识和大前提所束缚,所以他们能开拓出新的道路来。

> 让自己成长的问题 03

你会不假思考随大流吗?

☐ YES　　　☐ NO

04　行动之前坚信一切都会顺利

横纲们⊖都有相同的特征。据说，他们在还是幕下级别时就坚信自己将来肯定会成为横纲。

我有幸认识许多非常优秀的成功者，如作家、演讲家、教练、企业家等，他们的思维方式全都跟上面说的横纲一样。

普通人只有在自己获得成功后才会开始变得自信，精英却恰恰相反。精英都是先有自信后有成功的。也就是说，在取得成功之前，精英就坚信自己肯定能成功。

普通人的问题在于，在取得成功之前从未有过自信。

相较而言，精英不关注当下的现实，而是将眼光投向理想的未来，相信自己一定能实现理想。这种绝对的自信往往可以带来好的结果。

很多人会在意是否有理由自信，但实际上没有理由的

⊖ 日本相扑运动员资格的最高级。日本相扑运动员（日本称为力士）按运动成绩分为10级，从低到高分别是：序之口、序二段、三段、幕下、十两、前头、小结、关胁、大关及横纲。——译者注

自信更有可能带来好的结果。为什么呢？因为如果自信需要理由，一旦理由没有了，那么自信也就没有了。所以，没有理由的自信反倒变得所向无敌了。

无论遇到什么困难，都请先深呼吸放松，想一想横纲们的思维方式。"我是要成为横纲的人啊！""未来的横纲怎么可以因为这种事情而惊慌失措呢？"

其他人会被你这种自信的模样所打动，理想的未来也就会离你越来越近。

> 让自己成长的问题 04

你拥有无理由的自信吗？

☐ YES　　　　☐ NO

05　选择松、竹、梅中的松

在一些高级餐厅或高级咖啡厅的菜单里，餐品会被分成不同的等级。我曾经当过餐馆老板，所以我知道，只要食客能够负担得起，那么如果有松、竹、梅三种套餐，多数食客会选择中等的竹套餐。

建议读者下次点餐时，不妨试一下最贵的"松"套餐。

这么做，不仅是为了享用美食，更重要的是，可以提升自身的形象。

我经常因为工作得以有机会与各种各样的成功人士共事。我发现，**越是精英，越喜欢选择最高级的东西**。

你可能觉得这是虚荣心作祟。当然，也不排除有这种可能性。

但是，即使有点勉强，精英也会有意识地专门选择高级的东西，以提升自身形象。

比如吃饭。精英会去有些昂贵的餐厅就餐，而不会选择普通餐馆就餐；他们会尝试去高级酒店的会客休息区喝咖啡，而不是总喝 100 日元的普通咖啡。

所以，不妨试着偶尔换一换口味，体验一下高档生活。在自己能力范围之内，择机给最宝贵的自己尝试一下高档物品。经年累月后，你的个人形象将不断得到提升。

让自己成长的问题 05

你会因为选择高档物品而产生罪恶感吗？

☐ YES　　　☐ NO

06　没有执念

精英都是坚持不懈的人。不过，这背后其实是有附加条件的。

这个附加条件是"只是不放弃那些开局良好且有较大把握会成功的事情"。

实际上，精英也有让人意外的一面。精英如果发现正在做的事情大概率会失败，他们就会当机立断，马上退出。

精英不会执着于难以成功的事情，不会为此浪费时间。精英放弃事情的速度快得惊人，而且毫不犹豫、非常果断。

很多时候，成功的尝试从一开始就会很顺利。相反，可能会失败的尝试，无论你后面多么努力，也难免失败，而且整个过程也会非常耗时费力。

虽然有句话叫"只要功夫深，铁杵磨成针"，但有时候也需要及时止损，转投其他的事情。

精英非常看重自己的付出所得到的回报。也就是说，他们十分重视自己劳动的回报率。如果感觉有可能成功，那么无论发生什么事情也不放弃；如果察觉有可能失败，那么就马上抽手回撤。这种果断和效率可以带来新的成功。

> **让自己成长的问题 06**

你会过度执着于难以成功的事情吗？

☐ YES　　　☐ NO

07　认为事情的成败取决于人心

人们会对各种各样的事情感兴趣，比如土地、金钱、资产、投资、美容、健康等。但是，精英并不在乎这些。他们考虑事情以人心、情感为中心。

可以毫不夸张地说，我们身边的事物几乎全都是因为有人希望"要是有这种东西就好了"才出现的。也就是说，**如果熟悉人的内心情感的变化规律，那么就能拥有掌控创新灵感信息源的权利。**

从古至今，任一时代的精英，诸如成功的商务人士、企业家、政治家，以及那些担任领导职务的人都知道，是否了解人心，关乎事情最终的成败。

在未来，最应该聚焦的信息和最有价值的信息将自然地汇集到重视人心的人的手里。

无论从事何种销售工作，越是优秀的销售人员，越会努力激发顾客的想象力，鼓励顾客想象自己购买商品后的满足感，而不是只顾着介绍商品的性能和值得购买的理由。

即使再过一千年，"事情的成败取决于人心"也是颠扑不破的真理。

精英总是围绕推动事情发展的人心展开思考，而不是事情本身。

> **让自己成长的问题 07**
>
> 你会将注意力集中在人心而非讲道理上吗？
>
> ☐ YES　　　☐ NO

08　有主见

令人遗憾的是，世界上总有一些人喜欢批评那些努力的人。他们看到失败的人就会武断地认定："所以那人不行啊。"

其实，即使是精英，在被问到对某事或某人的看法时，也可能会表达反对的意见。不过，此时的精英会要求自己在有了成熟的想法后再表示反对。换而言之，精英不评价眼前的情况，而是给出更好的替代方法。

精英在观察周围人的行动时，常常会换位思考。他们会站在对方的立场，设身处地地想象，"如果换成是自己，该怎么做"，并从中提炼出自己的解决办法。

换位思考是一种思维训练的方式，随时随地都能进行。比如，坐电车时看到车厢里的复印机广告，就可以思考："如果是我，会如何使用这个复印机。"；一边看电视剧或电影一边想："换作我当导演，会这样拍摄故事的结尾。"

精英会将自己置身在无意中看到的事物之中，锻炼自己的思维方式。

人云亦云地指责他人或表示反对，会导致自身价值贬值。所以，在不得不发言时，请明确"我是这么想的"的立场。

有主见的人，仅仅是因为有主见，就会让人觉得他比一般人聪明。

> **让自己成长的问题 08**
>
> 你有主见吗？
>
> ☐ YES　　　☐ NO

09　能够看清对方的问题

二十多年前，在一个关于企业家的节目上，一位日本知名企业的经营者讲述了自己公司的经营理念，让我至今铭记在心。

他说："顾客永远正确。"

这句话过于精简，以至于当时我没能真正理解它的深刻含意。随着年龄的增长，在积累了很多经验之后，我如今才切身体会到了这句话的深刻含义。

现在的我认为，所有的工作都是为了解决顾客的问题，让顾客感到满意。

正是因为生活总是存在着某些问题，所以才会有工作机会。唯有解决了问题，我们的生活才能变得轻松自在。

那么，想要解决问题，首先应该做什么呢？我认为，就是找到顾客的问题。

想要找到顾客的问题，就需要学会"换位思考"。

对每一个你遇到的人,都要认真倾听对方说的话,了解对方的需求。人的洞察力是通过认真地对待每一个遇到的人而慢慢磨炼出来的。

遇到事情,要站在对方的立场,将心比心地思考。我们小时候在道德课上学习过这个简单的道理,而它在现实社会中是获得成功的核心方法。

精英总是站在对方的立场进行"换位思考"。

让自己成长的问题 09

你有"换位思考"的习惯吗?

☐ YES　　　　☐ NO

10　将常人遗漏的事情做到尽善尽美

假设你居住在一个满大街都是乌冬面馆的城市,而你现在打算做面馆生意。要想一举获得成功,你应该做什么生意呢?

很多人听完这个问题后会说:"因为乌冬面馆已经饱和了,所以卖拉面就能获得成功!因为做生意最重要的是要瞄准市场的空白。"但是精英不是这样想的。精英回答说:"开乌冬面馆。"

精英不会觉得这条街上乌冬面馆已经饱和了,没有市场空间了;而是会认为,这条街上有这么多的乌冬面馆,说明有足够多的市场需求和食客。我只要比其他乌冬面馆做得更好就能成功。

成功的关键不在于"没有别的人在做",而隐藏于"其实谁都能做,却没有人做"之中。

日常生活中也有许多"其实谁都能做,却没有人做"

的例子。比如，工作时永远保持微笑、积极保持与上司的联系和沟通、高度重视下属等。

想要获得成功，只需要从现在已有的事物上稍微转移一点视线，聚焦新的生长点并展开搜索。这将成为你的魅力所在，也会将你引入只有你看得见的新世界。

> 让自己成长的问题 10

你能发现"其实谁都能做，却没有人做"的事情吗？

☐ YES　　　☐ NO

11　优雅快乐地思考

我们生活的这个世界上有很多的"地狱"。其中,离我们最近的"地狱"就是"好厉害地狱"。

有人为了获得别人一句"好厉害"的评价,不惜付出一切。

如果能将这种好胜心转换成正能量,感受到自身的成长,那么没有任何问题。但过于在意获得"好厉害"的评价,就有可能陷入"没人承认我'好厉害',我真无用"的危险之中。那么,如何让自己脱离恶性循环的"好厉害地狱"呢?

办法是,养成优雅快乐的思考习惯。

请尝试将注意力放在"自己的行事风格是否优雅?""我真的能感受到快乐吗?"上面,而不是放在"我凭借这个能赢过对方吗?""这个能获得别人的认可吗?"上面。

如此一来，你将打造出独特的气质。

无论身处何种境遇，无论他人如何不认可你，请坚持追求自己认定的优雅和快乐。

这样，你才能绽放出光彩。

> **让自己成长的问题 11**
>
> 你会过于在意获得"好厉害"的评价吗？
>
> ☐ YES　　　☐ NO

12　重视直觉

如果有人问你"喜欢那个人的什么地方？""为什么选择了这条道路？"有时候由于没法马上给出答案，你不得不用"不知为何"来应付。

实际上，这个"不知为何"很重要。因为它就是直觉。

精英非常重视自己的直觉。即使没有任何根据，他们也会凭着内心的直觉采取行动。

有一位熟悉直觉的作家曾对我说："永松，如果做选择时犹豫不决，那么就选直觉最初选定的。因为这是你内心真实的想法。人在做选择时，如果无视最初的直觉，不断添加条件，觉得'这个条件更好，所以我选这个''很多人都选这个，所以我也选这个'，一般来说最后都会后悔。因为直觉有时比逻辑更准确。"

当然，并不是说只靠直觉就能事事顺利。但是，如果过分在意做事的逻辑性，那么就不大可能得到好的结果。

请尝试暂且抛开所有的条件，想一想自己最初是怎么感觉的。

| 让自己成长的问题 12 |

你重视直觉吗？

☐ YES　　　　☐ NO

13　坚持自己的原则

伴随着互联网的普及，我们每天都会接收海量的信息。据说，我们现在一天获取的信息量，相当于江户时代人们一天接触的信息量的2万倍。

生活在这样的时代，最重要的是要坚持自己的原则。

希望大家不要被周围人的意见、纷繁复杂的信息所左右，而要常常反问自己："**我想做什么？**""**我想过什么样的生活？**"

在人生道路的分岔口，即使大多数人都选择向右拐，但是，如果你觉得应该向左拐，那么就昂首挺胸地向左拐。

有时候，即便多数人认为是正确的，也不见得就一定正确。

20世纪80年代，很多人相信地价不会跌，于是投资房地产，结果经济泡沫破灭，地价暴跌。此时，未受影响的人就是那些当初拒绝随波逐流、坚定走自己道路的人。

现在的社会比泡沫经济时期的社会更加混乱。所以，在此风云变幻的时代，请大家切记，要坚持本心，并坚定不移地走下去。

> 让自己成长的问题 13

你会被周围人的意见、信息左右吗？

☐ YES　　　　☐ NO

第二章

精英如何战胜烦恼

14 放弃不必要的东西

每个人都会有各种各样的烦恼，可能是人际关系、财务问题，也可能是心理问题。

背负着这些沉重的身心包袱，即使有人鼓励你向前走，你也不可能权当那些包袱不存在而轻松地向前走。想要轻松上阵，就需要事先尽可能地减少那些包袱。

精英不会把任何社会常识、惯例当成自己的行为准则，他们会仔细甄别，到底哪些东西对自己来说是最重要和最必需的；哪些东西是不重要和不必需的。然后，他们会舍弃那些不重要和不必需的东西，只留下少数真正重要且必需的东西，并努力保护好它们。即便周围的人都说不值得，精英也会毫不犹豫地坚持自己的选择。

"一定要留在身边的东西是什么？"

"无论如何也要得到的东西是什么？"

请尝试列一个清单，弄清楚自己真正需要的东西，放弃不需要的东西。

主动减轻身心负担，能够帮助你认清自己真正珍惜的人和物，进而发现全新的自我。

"放弃什么，守护什么？"

精英对自身有全面清楚的认识，能够舍弃不需要的东西，保护重要的东西。

> 让自己成长的问题 14

你会被多余的东西拖住后腿吗？

☐ YES　　　　☐ NO

15　不拘泥于细枝末节

"要是又失误了怎么办？"

"是不是遭那个人嫌弃了？"

"特别担心自己的前途。"

现实中有很多人习惯杞人忧天，会对一些尚未发生的事情感到不安和焦虑。

然而，精英却擅长打开眼界思考事情。因为他们非常清楚，任何细微的不安情绪都有可能会在未来造成巨大的失误。

人生不是一场对错游戏。任何人都必定经历过失败。重要的是，千万不要沉浸在自己的失败里无法自拔。

请扪心自问："每天都为之提心吊胆的那件事，它真的会对自己的人生造成严重的影响吗？"如果答案是否定的，那就潇洒地将之抛诸脑后。

无论你多么后悔，已经发生了的事情都不会有任何改变。

相反，如果总是沉浸在过去的失败之中，这种失败思维就会变成一种习惯，未来你就很有可能重蹈覆辙。

我们的大脑同一时间只能思考一件事情。我们是用大脑思考那些无足挂齿的琐事，还是思考那些能促进自身成长的事情呢？不同的选择将引向完全不一样的未来。

| 让自己成长的问题 15 |

你会打开眼界观察思考问题吗？

☐ YES　　　☐ NO

16　即使下雨也不叹气

正如我们没法改变天气一样，世界上有很多事情，无论我们多么努力，也无法改变。比如，谁都没法彻底结束突发的疫情。

生活中，人们有着各种各样的价值观，所以我们难免会遭遇偏见或误解。此时，如果我们因此而惊慌失措，或是想要强行改变别人的看法，恐怕就会正中对方下怀。

在这种情况下，能最快改变的是我们自己的思维方式。

无论在哪个时代，那些能够成功战胜烦恼的人，往往都能看到事物好的一面。

就像"危机"一词包含着"危险"和"机遇"双重含义一样，表面上看是危急关头，但其中也必定蕴藏着机遇。

人一旦拥有了在消极事物的背面发现闪光点的能力，就能快乐地度过一生。

总而言之，在这个世界上，你能够控制的只有你自己。

所以，遇事要果断地做出判断，并养成善于发现事物积极面的习惯。

> **让自己成长的问题 16**

你会注意事物的积极面吗？

☐ YES　　　☐ NO

17　不与他人作比较

人总是会在无意识中将自己与他人进行比较。可以说，这种心理是印刻在人类身体里的一种本能。

但是，无论与别人怎么进行比较，自己也不会发生任何变化。

正如前文说过的一样，我们的大脑在同一时间内只能将精力集中在一件事情上。

精英不会将精力耗费在与他人的比较上，更不会用比较结果来评价自我，他们的精力都集中在自己眼前的事情上。比如，考试时集中精力答题，工作时集中精力研发新产品。

精英会通过不断地攻克眼前的难题，来逐渐提高自己的业界地位。

"以前不会的，现在会了。我超越了过去的自己。"

当你切身感受到自己的进步时,你就会发现,你第一次超越了身边的人。

> 让自己成长的问题 17

你会聚精会神地盯着眼前的事情而不是其他人吗?

☐ YES　　　☐ NO

18　重视社交距离

据说，人的烦恼有九成来自于人际关系。不仅是生活在当今社会的我们，在历史的长河中，也有许多人曾因人际关系而感到烦恼，所以才有了前面的结论。

精英非常清楚，社交距离决定人际关系。

即使是亲朋一类的亲密关系，精英也会仔细划分好界线，明确哪些是自己可以提供帮助的部分，哪些是对方需要自己解决的部分。

那些因为人际关系而感到烦恼的人经常越过人际关系的边界，破坏彼此之间的社交距离，从而导致了双方关系出现摩擦冲突。

任何人都希望有自己的私密空间，都有不希望被别人知道的秘密。如果自己的隐私遇到了问题，人们都会自己想办法解决，也只想自己解决。

有时候，精英对社交距离的坚持可能会让人觉得他们冷漠无情。但请不要误解他们，他们其实只是在尊重对方而已。

无论对方是谁，都请好好理解社交距离，明确各自的问题；不要过分亲密、过度参与。永远切记，别人是别人，自己是自己。这种分寸感才是维系良好人际关系的法宝。

> **让自己成长的问题 18**
>
> 你在人际交往中缺乏边界感吗？
>
> ☐ YES　　　☐ NO

19　不让他人的评价影响自己的决定

我们在行动时容易对周围人的议论变得敏感。比如,"要是做了这个,会不会被人嘲笑是一个笨蛋?""周围人会怎么想啊?"

当然,如果我们所做的事情会直接伤害到他人,或是偏离了社会的公序良俗,那是绝对不能做的。但是,只要不存在上述情况,在遇到挑战时,就应毫不犹豫地接受挑战才对。

即便参加挑战后遭到身边的人的嘲讽,那也无所谓。因为,他们迟早会忘掉的,毕竟他们也有自己的事情要做。最明智的做法是,与其为别人的评价劳神费力,还不如思考自己怎样做才能成功。

精英会以自己的评判为标准行事。

当然,精英也需要听取各种意见,但最终做决定的标准还是取决于精英自己。精英不会在意他人的议论,他们往往按照自己的标准做出选择。

坂本龙马曾留下这样一句话:"任尔闲言碎语,唯吾懂吾自己。"不要被周围人的评价所左右,希望大家能以这样的心态去生活。

> **让自己成长的问题 19**
>
> 你会因为在意周围人的评价而感到疲惫不堪吗?
>
> ☐ YES ☐ NO

20　认为一切都是必然的

"发生在自己身上的事情不是偶然的，而是必然的。"

这句话是我二十多岁时在一次演讲上第一次听到的。说实话，我当时根本没有听懂这句话。演讲结束后，因为有机会与那位演讲嘉宾进行交流，所以我就直接问了他那句话的意思。然而，我记得，直到最后我也没能完全理解那句话的含义，脑子里一片混乱。

二十多年来，在经历了各种事情之后，我觉得自己能够对那句话做出自己的解释了。

我认为，那句话是**鼓励大家要积极正面地看待自己的行动**。

思维方式的不同会导致人生走向完全不同的结局。

一个人觉得发生在自己身上的事情是偶然的还是必然的，会影响其自身的行动。如果认为所有事情都只不过是偶然的，那么人就会不再努力；如果认为所有事情都是必然的，那么人就会聚焦事情发生的原因，就会关注自己的行动。

人一旦开始思考如何定义已经发生了的事情，就能学会思考"现在发生的事情预示着接下来应该注意什么"。

精英靠着自己的行动开辟前进的道路。换一个视角来看"全部都是必然"，那就意味着"全部都靠自己"。

> 让自己成长的问题 20
>
> 你会思考发生在自己身上的事情的寓意吗？
>
> ☐ YES　　　☐ NO

21　认为可以改变过去

很多人都认为，过去是不能改变的。

但是，精英知道改变过去的方法，那就是"集中精力创造美好的未来"。

虽然我们无法改变过去，但是我们可以改变过去发生过的事情的意义。

众所周知，过去是从现在回顾以往时看到的。现在过得如何，会极大地影响我们对过去的定义。

假设你在工作中取得了重大的成绩，此时，你回顾过去会觉得："多亏了那次失败的教训，我这次才能取得成功。感谢上司当时的批评指正。"

假设你现在遇到了非常喜欢的人，对比过去，你会觉得："幸亏跟那个人分手了，我现在才能遇到更好的人。"

把现在的时间用来忏悔过去还是创造美好未来，将深刻地影响对过去发生过的事情的定义。

时光一去不复返,所以精英会专注于当下的每一瞬间,将其用来创造美好未来,从而改变过去所发生的事情的意义。

| 让自己成长的问题 21 |

你会专注于美好的未来而非过去吗?

☐ YES　　　☐ NO

22　边做边想

年轻时做事情,我总是思前想后,迟迟不敢开始行动。我师父看到后说:"在没有开始做之前,没有人知道事情是否会顺利进行。所以,不妨先开始行动,做了才知道是否会顺利。"

虽然只是很简单的话,却深深震撼了我。我照着师父的话先开始行动,没想到一切都很顺利。由此,我想到,在现实生活中,很多人都像我一样,觉得要先想清楚后才开始行动,所以他们总是踌躇不前。

人一旦思前想后踌躇不前,就会杞人忧天地想出一些最终会失败的理由,"要是失败了怎么办?""我还没做好准备呢!"等等。在无尽的担忧中耗尽了精力和时间,最后得出一个"还是算了吧"的结论。

无论做什么事情,精英往往都会迅速开始行动。在做的过程中,他们会根据行动后得到的反馈,边做边改进,把事情朝着成功的方向推进。

精英做事只会向前推进，边做边反思，而不是在做之前因左思右想顾虑太多而放弃，等以后回忆时又后悔当时没做。即便做事的过程中会有坎坷与失败，但他们也绝不会后悔。因为精英很清楚，在这个世界上，最折磨人的情绪之一就是后悔。

所以，一旦决定了要做某件事情之后，就不要思前想后顾虑太多，先迈出第一步再说，哪怕只是一小步。

> 让自己成长的问题 22

你会在行动之前思虑过多吗？

☐ YES　　　☐ NO

23　先一个人开始行动

　　精英的特征之一是不依赖任何人。普通人打算做一件事情时，会先去告诉周围的人，获得大家的认同后，才开始行动。但是，精英只要觉得某件事情可以做，就会马上独自开始行动。

　　人这种生物是非常奇妙的。

　　当面对"我想做这件事情，你可以帮帮我吗"这样的请求时，人也许会犹豫是否帮他这个忙，但人们却会莫名其妙地被那些凡事都靠自己独立解决的人所吸引。

　　你知道天岩户神话吗？在日本神话中，太阳神天照大神被弟弟素戈呜尊惹怒后躲进了天岩户，顿时世间陷入了黑暗，瘟疫流行，灾祸横生。众神见此非常着急，想说服天照大神从天岩户中出来。然而，天照大神却避而不见。于是，众神采用在天岩户外面载歌载舞的办法，吸引天照大神的注意。果然，天照大神好奇地拉开了一条缝，想悄悄看一下外面究竟发生了什么事情。就在这时，其他力大无比的神灵趁机打开了天岩户，天照大神走了出来，世间得以恢复正常。

每个人都有好奇心。当一个人好奇另一个人在聚精会神地做什么时，即使对方不邀请他，他也会不由自主地凑上前去。

精英非常清楚人们的这种心理，所以会独自一人做事。请不妨试着忽略别人的眼光，想做什么就马上开始做吧。

> 让自己成长的问题 23

你会过于在意周围人的看法吗？

☐ YES　　　☐ NO

24　将逆境视作事情的开始

很多人在遇到危急情况时会感到非常绝望，觉得"要完蛋了""为什么就我这么倒霉"。

但是，精英此时却不会轻易认输。因为他们知道，真正的成长是从逆境开始的。

这条定律在许多著名的电影里也有所体现。如果电影主人公一帆风顺地度过了平凡的一生，观众也许会抱怨说："这电影到底想说什么啊！"

反之，如果电影主人公虽身陷绝境却勇敢面对，最终成功克服困难，绝境逢生。观众们看完后则会深受感动和激励。

我们的日常生活也是一样。从未遇到过任何困难的一生可能是幸福的，但是，这样的人生也会让人错失成长的机会。

如果现在的你正陷入困境，请记住，这不是事情的结局,而是事情的开始。

你克服的困难越大,你就越会得到成长。最终,你将成为给予别人勇气的人。

> 让自己成长的问题 24

你会在事情开始时就灰心丧气了吗?

☐ YES　　　☐ NO

25　摔倒后马上爬起来

假设挑战的条件是必须拿到100分,否则不准挑战,那么就没人敢挑战了。

其实,即便是精英,也不可能一开始就能拿到100分。他们很清楚,初次挑战大多不会成功。只有不断地挑战,才能逐渐接近100分。

所以,精英的失败次数远超一般人的失败次数。

精英的思维方式不是追求"尽量不要失败",而是要求"跌倒了就马上站起来"。

小时候,我们开始学走路时,几乎没人想过摔倒了怎么办。

但是,随着年纪的增长,我们却越来越害怕失败,以至于忘记了挑战。

精英不害怕失败,也根本不在乎犯错。每次挑战时,精英会安慰自己"失败了也没什么""即便失败了,重新再来就是"。

请记住：与其担心失败，不如要求自己失败了就重新再来。

> 让自己成长的问题 25

你从失败到重新再来之间的时间长吗？

☐ YES　　　　☐ NO

26　绝不一个人扛事

越是有责任感的拼搏者,越是不喜欢麻烦别人。

在精英的世界里,拜托别人做事不是麻烦别人,而是人尽其才。拜托别人也是在给别人提供机会。

提供机会相当于让对方站上舞台。与其你自己一个人事无巨细亲力亲为,不如创造一个环境,让身边的人都可以发挥各自的优势,各司其职。

一想到"拜托"这个词,人的心中不免萌生罪恶感。但是,如果将其看成是"人尽其才",那么就会觉得这是在给他人提供机会。

有些工作,即便自己做会更快,也可以试着把它们分派给自己的下属或年轻职员去做,让他们有机会得到锻炼。特别是那些平时不起眼的年轻人,平时很难获得锻炼机会。

把工作交给年轻人去做,其实就是在鼓励他们:"我很看好你,加油!"

　　精英都深谙这个道理,并一直在践行着。人尽其才可以让自己和身边的人都变得幸福。

> **让自己成长的问题 26**

你会让身边的人都"人尽其才"吗?

☐ YES　　　☐ NO

27　绝不无底线地忍耐

走路遇到宝贝,大多数人会因为顾忌别人的眼光而犹豫要不要捡起来,但精英则会毫不犹豫地捡起来后继续前行。这种行为差异与他们的思维方式不同有关。明明眼前有一个机会,却因为大可不必的顾虑而错过了,没有比这更让人后悔的事情了。

我自己也常常因为顾忌别人的眼光而选择忍耐,所以一直在通过练习,寻找解决这个问题的办法。

如果让你将自己的烦恼写在纸上,大多数人也许很快就能写完,比如"与上司的关系不融洽""自己的梦想遭到周围人的反对",等等。但是,在遇到下面这个问题时,很多人却突然不知道该怎么回答了。

"请问,一直以来的持续忍耐会让你获得什么?"

我们似乎很难想象,持续忍耐会得到什么样的未来,但其实,持续忍耐的未来基本上就是继续忍耐。

人们对于无法想象的事情容易感到不安或恐惧，从而停止行动。其实，只要弄清楚了事情的真相，找到解决的办法，逐一解决就行了。

如此一来，我们就不用再忍耐，人生就会变得更加自由和精彩。放弃没有意义的忍耐和客气，选择愉快潇洒的生活方式吧。

| 让自己成长的问题 27 |

你认为持续忍耐会换来光明的未来吗？

☐ YES　　　　☐ NO

28　不把年龄当借口

很多人因为"年纪大了""为时已晚"而放弃挑战,实在令人感到可惜。

非常幸运的是,我身边有很多富有挑战精神的人,他们的心态格外年轻,以至于让人忘记了他们的真实年龄。每次看到他们,我就会反省自身,提醒自己不能把年龄当作放弃挑战的借口。

年龄原本只是一个人过往人生的时间记录。当然,如果因为体力不济或面临多个截止日期而陷入困境,人可能也不得不选择放弃。

不过,精英遇到这种情况时,会选择无视同龄人或社会上的常规做法。

精英看重的是自己愿不愿意做。他们会选择先做,然后再看能不能做。总之,精英的心态都很年轻。

如果你认为心态比体力更重要,那么只要你愿意,你就永远是年轻的。反之,你就可能会未老先衰。有些人明明年纪尚轻,心态却比老年人更老;有些人即使已经是百岁高龄,却仍旧保持着一颗年轻的心。

我觉得,不受年龄束缚的唯一方法是拥有一颗好奇心,对一切事物都保持兴趣。不懂就问,这样才能让自己的内心永葆青春。

> 让自己成长的问题 28

你有好奇心吗?

☐ YES　　　　☐ NO

29　保证身边有赞赏自己的人

精英会利用身边的人来提升自我形象。

精英常常会保证身边有能让自己保持良好心态的人。"你肯定能行""好厉害，你果然是个天才！"

我将这些人称之为"NICE MAN（好人）"。

无论多么泄气，无论输得多么惨，"NICE MAN"都会给予你肯定和鼓励，绝不吝啬赞美。在实际生活中，保证自己身边有这样的人很重要。

也许你会觉得"NICE MAN"会让人盲目自信，那么你很可能对自己过分严苛了。

为了提升自我认可度，人在一定程度上需要被人赞赏。

令人感到神奇的是，如果经常受到他人的赞赏和肯定，人的无限潜力就更容易被激发出来。

人本能地渴求"NICE MAN"。

精英都会保证自己身边有"NICE MAN"。这样，双方可以切磋琢磨，共同进步，将客套话变成现实。

> **让自己成长的问题 29**

你身边有无论发生什么事情都无条件肯定你的人吗？

☐ YES　　　☐ NO

第三章

精英如何珍惜自我

30　感谢自己

请问,在这个世界上,最愿意为你努力奋斗的人是谁?

父母?朋友?同事?你可能会想到很多人。

但实际上,大多数人都忘记了一个最重要的人,那就是我们自己。

假设现在是寒冬,你躺在暖洋洋的被窝里,口渴了想喝水。此时,起床去喝水的人不是别人,正是你自己。我们不可能拜托别人替我们喝水。

如果有人替你做了你自己都不会为自己做的事,那么你大概会感激涕零吧。

但是,一旦变成是自己给自己办事,我们就会把感谢二字忘得一干二净,甚至还会自己看不起自己。

精英不仅会珍惜身边的人,同样也会好好地珍惜自己。

请不要忘记,最愿意为你的前途努力奋斗的是你自己。因此,平时也请偶尔奖赏一下自己吧。

> 让自己成长的问题 30

你会认真感谢自己吗？

☐ YES　　　☐ NO

31　放弃做一个八面玲珑的人

我们经常会听到这样一句话,"那是一个好人"。

但仔细观察后,我们会发现,所谓的"好人",基本上是指能给自己带来好处的人。但是,这并不意味着,对别人来说他也是好人。此外,人们还会把不能给自己带来好处的人判定为"坏人"。

环顾四周,我觉得有许多人过于在意他人的评价,希望被所有人都称作"好人"。然而,最终结果却是迷失了自我。想扮演一个人见人爱、八面玲珑的人,需要耗费大量的精力和时间。

实际上,世间所谓"好人"的定义会随着时代、形势、场景、人的价值观的变化而不断发生变化。所以,请再也不要在意千变万化的他人评价了。

当你放弃做一个八面玲珑的人的时候,你就会发现自己有许多无效社交。实际上,即使不能变成一个"好人",

失去的东西也没有想象中的那么多。

即便你因为不再八面玲珑而被人讨厌了,那也没关系,毕竟你可以因此获得自由,满足自己的意愿。

| 让自己成长的问题 31 |

你会过分迁就他人吗?

☐ YES　　　☐ NO

32　不把讨厌的人放在心上

大家也许都有过这种经历，由于脑海里老是想着冤家的事情，所以感到心烦意乱，甚至失眠。但是，当你因为冤家而闷闷不乐、失眠时，对方却打着鼾，睡得香甜。

能够毫不犹豫伤害你的人，根本就不会在意你的伤痛和讨厌。不仅如此，他们甚至可能都不知道伤害了你。

本来就被对方伤害了，现在还为对方耗费宝贵的时间，真的不值得。 与其把时间花在这上面，还不如去公园散散步、看看喜欢的电视节目，将时间花在能让自己开心的事情上。

人的大脑同一时间只能思考一件事。因此，与其去纠结那些烦心事，还不如去关注能让自己开心的事情。这样一来，内心会得到满足，说不定不知不觉中还会原谅对方。

| 让自己成长的问题 32 |

你会把时间花在自己喜欢的事情上吗？

☐ YES ☐ NO

33　远离充满恶意的环境

珍惜自己,换个说法,就是远离危险。通常,精英都有着很强的危机管理意识,非常清楚什么会让自己忘记初心。

我认为,**最危险的"快乐"是停留在充满恶意的环境里**。人绝不能任由自己在这样的环境里待着。

有意思的是,爱说坏话的人总会与爱说坏话的人聚在一起。即便刚才大家还在一起说别人的坏话,但只要有一个人离开,那么离开的人马上就会成为新的被恶语相向的对象。

的确,当自己过得不好时,看到那些光芒四射的成功人士,多少会心生妒忌。所以,大家聚到一起说某个人的坏话,会让人有一种莫名的快感。

其实,大家在听别人说某人坏话时,会认真听取每一个字、每一句话,并由此来判断说话人的道德品行。

即便是精英,无论处事再怎么小心谨慎,也还是会遭人嫉妒厌恶。考虑到人性的复杂,从某种意义上来说,被人说坏话是无法避免的。

不过,从长远来看,即使不怒火中烧地去反击那些说自己坏话的人,说坏话的人也会不得人心。从长远来看,说坏话的人终究会自取灭亡的,被说坏话的人反倒能平安无事地度过一生。

无论如何,精英断然不会靠近充满恶意的环境。

> 让自己成长的问题 33

你身处在与人为善的环境里吗?

☐ YES　　　☐ NO

34　原谅自己

有的人因为过去的失败留下了心理阴影,不敢向前走。

其实,任何人都会犯错误。这个世界上不存在完美无缺的人。如果总是沉浸在过去的失败里迟迟走不出来,那么会浪费掉大量的宝贵时间。

只要知道了过去失败的原因,找到了获得成功的方法,就可以给过去的失败画上句号。请戒掉过度自责的坏习惯。

请停止没完没了的自责。因为,彼时彼刻,你肯定是做了你当时能做的最佳选择。

吸取过去失败的教训是非常重要的。只有这样,在下一次取得成功时,以前的失败才不再是失败,而是成功之母。

人能够原谅过去的自己,也就能原谅周围的人。精英们都是宽宏大量善待他人的人。

> 让自己成长的问题 34

你会过于自责吗?

☐ YES　　　☐ NO

35　绝不自卑

日本自古以来就尊崇谦虚，所以日语里有许多自谦的语言表达。

谦虚当然是美德，但是过分地讲究谦虚，口头的自谦就会慢慢浸染内心，从而让人陷入自卑。

精英都很谦虚。虽然精英也会说"自己还有很多不足"，但是他们说这句话时的心态与一般人不一样。精英是因为充满自信才这么说的。

越是成熟的麦子，麦穗垂得越低。但是，麦穗在成熟之前，是笔直朝向天空的。在逐渐成熟的过程中，麦穗才慢慢垂下头来。一开始就垂头的麦穗是生了病的麦穗。同理，人在青涩的时候，没有必要过度模仿言语谦虚的人。

语言和口头禅其实会影响我们的心态。

无论多么谦虚，也请不要把"我很笨""我不行"当成口头禅。

当你有了自知之明后,自然会变得谦虚。在此之前,不妨使用让自己充满自信的语言。

| 让自己成长的问题 35 |

你会过度谦虚吗?

☐ YES　　　☐ NO

36　绝不为难自己

据说，20 岁~29 岁的年轻人在找工作时，希望自己将来从事"能够帮助别人"或者"能对别人有用"的工作。我觉得，这种想法非常值得肯定。

其实，不仅只有 20 岁~29 岁的年轻人这样想，应该有很多人都希望自己能够成为对别人有用的人。在此前提下，我希望大家先保证自己不会为了帮助别人而折磨自己。

如果一个人自己都处于不稳定的状态，那么，无论他有多么想帮助别人，也不可能实现愿望。想要帮助或保护别人，首先要保证自己不会因此陷入困境。保证自己在精神上和物质上的富足是需要最优先解决的事情。

精英会先确保自己站稳了脚跟后，再去考虑周围人的事情。

反其道而行之，不仅会牺牲掉自己，也不可能长期坚持下去。帮助或保护别人绝不能以牺牲自己为代价。

不妨将帮助别人的志向放在心底，先专注于自立自强，尽早让自己变成足够强大的人。

> **让自己成长的问题 36**

在帮助他人前，你是否已经站稳脚跟了？

☐ YES　　　　☐ NO

37　绝不让自己无所事事

精英总是在朝着一个目标前进。可以说，他们总是在思考，不会让自己空闲下来。

因为，人一旦内心空虚，就容易变得消极，开始疑神疑鬼。

当一个人专注于自己想做的事情和应该做的事情时，就不会在意周围的人和事。

当下，我们已迎来老龄化社会。我们经常听到有关"工作价值""人生意义"的讨论。退休后的失落感也成为一个需要重视的社会问题。

人唯有朝着一个目标前行，才能保持朝气蓬勃、积极向上的生活态度。

这个目标可以是养育子女、工作或者兴趣爱好，反正，什么都可以。请找到一件自己热爱的事情，并全身心地投入进去。

保持忙碌可以让我们忘记与别人做比较，真正实现自己的人生价值。

| 让自己成长的问题 37 |

你会寻找自己的人生价值吗？

☐ YES　　　☐ NO

38　坚守与自己的约定

精英有着自己的人生理想。因为精英会坚持自己的理想信念，所以不会被别人的意见或社会惯例所左右。

只要符合自己的人生理念，无论发生什么情况也会坚持下去。

相反，如果不符合自己的人生理念，无论条件多么诱人也坚决不做。

正因为精英能够守住自己的人生理念，所以才能绽放出个人魅力。

"我珍爱的人遇到了困难，我没法袖手旁观。所以，即使赴汤蹈火，也在所不惜。"

"我是一个信守承诺的人。无论后面有多么大的诱惑，我也会坚守先前的约定。"

"我不会人云亦云。我坚信眼见为实。"

以上这些都可以作为行事准则。你可以尝试将自己的人生理念用文字表述出来。

即便只是模糊的想法也行。但如果想要更加具象化，我推荐将想法变成文字。成功人士和成功企业都拥有明确的人生理念和企业理念，所以才能自始至终地坚持下去。

> **让自己成长的问题 38**
>
> 你能用语言清楚地描述自己的理想状态吗？
>
> ☐ YES　　　☐ NO

39　列举自己的优点

无论是你还是你周围的人,所有人都最爱自己。

那么,你喜欢自己的什么地方呢?可以说出 100 个喜欢自己的地方吗?

我猜,很少有人能马上说出 100 个。

我在做咨询时经常使用一个方法,叫作"My Favourite Note(我的挚爱笔记)"。

这种挚爱笔记,可以直接用手机的记事本功能来做,也可以用简易的笔记本来做。请将你能想到的自身优点、获得的成功、达成的目标全部写下来。从小时候到现在,能想起多少就写多少。

这项任务看起来简单,其实挺费时间。**很多人都忘记了自己曾经取得过的成功,反倒总是想起自己讨厌的事情。**

借助挚爱笔记,我们可以知道自己喜欢什么样子的自己。可能有人会觉得,自己喜欢自己会显得有点自恋,会感到不好意思。这种想法没必要。完全可以借助写挚爱笔记来寻找自己的闪光点。

即使精英不会开口说出来，但他们都很清楚自己喜欢什么样子的自己，并以自己为傲。写挚爱笔记无需求助他人，一个人就能完成。请一定试一试，去寻找自己的优点。

> 让自己成长的问题 39

你能说出自己的 100 个优点吗？

☐ YES　　　☐ NO

40　保证日程安排留有余地

有人在给自己安排日程时会精确到几分几秒，把整个日程都安排得满满当当。工作繁忙虽然让人疲惫，但同时也会给人带来快乐。不过，如果因为日程表里出现空档就感到不安，那么就需要注意了。因为日程如果安排得太满，一旦自己一直期待的机会出现在眼前时，你就没法去争取了。

精英在安排日程时都会问自己，"真的需要安排这个日程吗？""会不会只是为了消遣时间、排解寂寞？""我很期待这件事吗？"只有得到了发自内心的"YES（是的）"回答，精英才会将它们写进日程里。

精英并不觉得这样做是以自我为中心，不顾别人的感受，相反，他们非常重视这一点，而且把它当作是过上精彩人生的必要手段。无论是在工作中还是在生活里，精英都会坚持活出自我。他们深知，唯有内心的自洽和丰盈，才能在关键时刻及时调节好心态,保持内心的平静。

实际上,空闲并不等于寂寞。空闲时间可以让内心保持充实和丰盈。想要工作出色,就必须保持内心的充实和丰盈。工作之余,请为自己创造一些空闲时间。

> 让自己成长的问题 40

你会强迫自己把日程安排得满满当当吗?

☐ YES   ☐ NO

第四章

精英如何处理人际关系

41　谨记所有人都渴望幸福

人类社会有一个简单的道理,那就是**人人都渴望幸福,都在努力追求幸福**。罪犯也好,受歧视者也好,国王也好,概莫能外。但是,很多时候,我们却老是忘记了这个道理,只顾着追求自己的幸福。

如果凡事只考虑自己的利益,而不考虑别人的利益,人际关系必然会出现问题。就像自己遭到他人否定后会心情不好一样,请不要忘记别人也会因此感到不快。

精英深谙所有人都渴望幸福的道理,所以他们遇事会优先考虑如何让对方感到幸福。

珍重别人的人,自然也会得到别人的珍重。精英遵循这个道理,先让对方感到幸福,再从对方那里获得幸福。

如果自己让很多人感到了幸福,那么自己就能从很多人那里获得幸福,而且那么多的幸福都是给自己一个人的。一个人让多少人感到了幸福,那他就能从别人那里获得多少份幸福。

所以,不要总是只想着自己。稍微转变一下思维,你就能变得更加幸福。

> **让自己成长的问题 41**

你会考虑别人的幸福吗?

☐ YES　　　☐ NO

42　将赞美留给他人

即便是成功人士,也分"昙花一现型"和"地久天长型"。

两者的差异在于"会不会给别人留面子"。

精英会经常肯定别人的魅力和优点。比如,"最近我认识了一个很厉害的人""我能有今天,多亏了那个人的帮助"等。精英与人交谈的中心内容就是夸赞别人,以至于让人听后不禁想去见见精英口中的那个人。

会赞美别人的人肯定都能获得成功。因为即使遇到了困难,也会有很多人伸出援手。

做演讲也是一样。开讲后只顾着说自己的业绩功劳而不谈及别人,这种人的演讲不会成功。相反,应该说说那些给自己提供机会的恩人、一直支持自己的恩人以及为自己引路的人,将赞美留给别人。

能够说身边的人是富有魅力的人,其自身在大家眼里也是具有魅力的人。

> **让自己成长的问题 42**

你会赞美别人吗？

☐ YES ☐ NO

43　演绎反差

在这个世界上，最强大的力量是"个人魅力"。只要你拥有个人魅力，人们就会自动聚集到你的周围，帮助你处理你不擅长的领域里的事情。

那么，个人魅力是由什么构成的呢？构成个人魅力的成分非常多。其中，有一个成分就是"反差"。

虽然身居高位，却平易近人、不摆架子，会让人觉得这个人很有魅力。

当一个人得到的反馈信息跟预想的不一样，而且是积极层面的，这会让人觉得这个人很有魅力。

我们经常听到这样的故事：当一个人有钱、有权或者有势之后，就会变得耀武扬威、颐指气使，不把别人放在眼里。其实，这种事情很寻常。因为人们出于刻板印象，通常认为权势者和富人都爱摆架子。

相反，明明是富豪却不摆架子，明明是领导却对下属和蔼可亲。当人感受到这种积极层面上的出乎意料时,预想与实际的反差会让这个人更具魅力。

精英都是擅长打破刻板印象的人。他们清楚别人对精英的刻板印象,所以会有意识地采取一些与之相反的行为举动,让别人从中感受到魅力。

> 让自己成长的问题 43

你是身上带有刻板印象的典型人物吗?

☐ YES　　　☐ NO

44　积攒幸运

毋庸置疑，所有人都祈祷能幸运地获得成功。遗憾的是，幸运是看不见的。可能很多人都认为，人是没办法靠自己提升运势的。

一直以来我都在观察精英。我可以负责任地说，世界上是存在提升运势的"方法"的。

运气好的人会同时也给别人带去快乐。因此，精英总是在思考如何让别人获益。

举例来说，假设从对方那里获得了100元钱，那就择机还给对方1000元，将多出来的900元，也就是900份"幸运"积攒起来。但是很多人为了确保自己的利益不受损失，只会还给对方100元。如此算来，获得100元，返还100元，正负相抵，那就没有多余的"幸运"可供积攒了。而获得了100元却只返还10元的人，那就更是失去了90份的"幸运"。

可能有很多人不相信，但付出比收获更多的人，真的会越来越幸运。

| 让自己成长的问题 44 |

你会让对方获得利益吗？

☐ YES　　　☐ NO

45　让人舒心

即使是初次见面,如果你能面带微笑、笑脸相迎,自然会让对方感到很舒心。

你坚持温柔待人,对方也会越来越心怀感激,想要报恩于你。即使没有机会直接报答,也一定会逢人就说你的好话。

采取上述方法的人,最终也会过上幸福的生活。

也许有人不相信,但我至今为止见过的精英都是这样做的。

> 让自己成长的问题 45

你在待人接物时会让对方感到舒心吗?

☐ YES　　　　☐ NO

46　认真对待"低效率"的工作

全世界都在追求高效率。各种技术革新让我们的生活越来越便利和轻松,这是非常值得高兴的事情。

但是,有得必有失,有失必有得。

比如,人与人之间的联系方式。随着电子邮件的普及,人与人之间的交往沟通已经电子化了,现在很难再见到饱含心意的手写明信片了。

而且,随着通信技术的发展,人与人之间的沟通正在逐渐"云"交流化。人们交流用聊天软件,商务洽谈用网络会议。

这种现象可以说是一种时代潮流,对此我们的确也无话可说。但物以稀为贵。当别人都依靠网络完成工作沟通时,如果你能够亲自登门拜访,面对面地与对方交流沟通,那么你与对方的心理距离会迅速缩短。

正因为现在是崇尚高效率的时代,所以反倒有人追求能够感动别人的"低效率"事情。

精英就会认真对待"低效率"的事情。虽说全社会都在追求高效率,但是亲手准备一份饱含心意的礼物,或者亲自登门拜访,还是会让人感到温暖开心。

"低效率"事物可以制造感动。认真对待"低效率"的事情,从中创造出稀缺价值和感动,你将成为被成功选中的那个人。

> 让自己成长的问题 46

你重视饱含心意的行为吗?

☐ YES　　　☐ NO

47　不忘反馈

无论是谁，都希望被人喜爱，而不是遭人讨厌。只不过，有很多人为了提升个人魅力，用力过猛，反倒招人反感厌恶。

那么，怎样才能成为受人喜爱、魅力四射的人呢？

成就前所未有的伟业，拥有别人没有的才能，这些大概都可以算作是一种个人魅力。但成就伟业、拥有才能所需要的时间相对较长。有一个能够快速提升个人魅力的简单方法，那就是**在听别人说话时，边听边点头**。

虽然看似很简单，但要形成习惯其实很难。人们常常是听着听着就忘记点头了。我也是费了一番工夫才训练成功的。

微笑着点头是免费的。既不需要特意背一个 LV 包，也不需要专门穿一身阿玛尼套装。只需微笑点头，你就能成为有魅力的人。没有比这更划算的事情了。

精英会把所有低付出高回报的行为列入自己的行动指南里面。

虽然利用金钱提升魅力也很重要，但是没有理由不先从既免费又简单的方法开始做起。

> 让自己成长的问题 47

你在听别人说话时会边听边点头吗？

☐ YES　　　☐ NO

48　善于表达谢意

我们一生中会受到各种各样的人的帮助。从日常生活小事到值得一辈子铭记的惊喜。可以说，多亏了别人的帮助，我们才得以走到现在。

但是，让人感到头疼的是，人们往往会把别人的帮助当成理所当然。

精英在获得他人帮助时，基本上都会想方设法向对方表达自己的感激之情。无论是有意还是无意，向对方表达感谢，其实就是在接受别人帮助的同时回赠给别人一份礼物。

赠人玫瑰，手有余香。尽力地向帮助自己的人表达谢意，也是一种体贴。

如果自己做的事情出乎意料地让对方感到快乐，那么我们自己也会感到快乐。而且，这种快乐的感觉会让我们想继续做点什么让对方感到开心。

没有人有义务帮助你。为了不忘记感谢那些帮助过自己的人，请试着成为一个擅长表达感激的人。

请比以往更加真情实意地对帮助过你的人说一声"真的很感谢你""我太感动了"，你一定能从对方的反应中马上体会到这条建议的用意所在。

这是现在马上就能做的且能让对方感到快乐的简单方法。不妨试一试，你绝对不会吃亏的。

> 让自己成长的问题 48

你会诚恳地表达自己的感激之情吗？

☐ YES ☐ NO

49　时常保持好心情

人是有情感的动物。周围发生的事情、身体状态的变化等都会影响人的心情。

精英会保持稳定的情绪。当周围有其他人时，精英会尽可能地表现出好情绪。

如果硬要说因为人是有情感的动物，就没办法控制情绪，索性就直接把心情表现在脸上，那么人就不会成长了。不仅如此，人际关系也会变得糟糕。如果只考虑自己的心情，就不会顾及周围的人的情绪。请务必记住，你的情绪对周围的人产生的影响远远超过你的想象。

如果一个人的情绪保持稳定，那么别人每次与其接触时就可以采取固定的应对策略；如果一个人的情绪总是飘忽不定，那么别人每次与其接触时都要被迫相应地调整应对策略。

那么，精英心情不好时会怎么做呢？他们有两种解决办法：其一是尽可能地远离现场；其二是提前告知大家自己为什么心情不好。

人的内心是非常纤细敏感的。如果对方的情绪看起来很不好，人就很容易感到紧张焦虑，担心自己是不是做错了什么。尽量不让别人产生莫须有的紧张和焦虑，也是成为精英的条件之一。

> 让自己成长的问题 49

你能控制好自己的情绪吗？

☐ YES　　　☐ NO

50　请前辈吃饭

社会由各个年龄段的人组成，社会中存在着经过历史积淀而形成的多数人都认同的文化传统。

比如，前辈与下属或后辈一起吃饭时，前辈即使不付全款请客，也至少要负担大部分的费用。可以说，这就是一种大家都认同并遵循的文化传统。

相对来说，精英深得前辈喜爱，所以经常会有前辈请精英吃饭。精英与普通人的区别在于吃完饭后的举动。**精英会付钱请前辈吃饭。**

看似简单的请人吃饭，其实隐藏着很多邀请人的小心思。请前辈吃饭时，肯定不能去便宜的饭店，但是选择高级饭店，钱包又有点吃不消，结果可能还是变成由前辈付钱，这样给对方造成的负担就更大了。

精英会选择在用餐费用相对便宜的午餐时间邀请前辈吃饭。精英会爽快地支付饭钱，表示"今天受益匪浅，这顿饭钱就权当是交学费了"。这样一来，前辈就不会心存顾虑，可以坦然接受了。

由于精英为人处世考虑周到，细致入微，所以更能获得前辈、上级的喜欢和重视。

> **让自己成长的问题 50**

你会照顾那些地位高于自己的人的感受吗？

☐ YES　　　☐ NO

51　至少表达 4 次谢意

精英都是擅长表达谢意的高手。因为他们不仅会向各种各样的人表达谢意，还会**对帮助过自己的人多次表达感谢**。

在现实生活中，大概很多人都能做到，在对方答应帮助自己时感谢一次，在事情结束之后再感谢一次。但是，精英除了这两次感谢之外，还会向帮助自己的人详细汇报事情的结果，同时再一次表达感谢，这是第三次感谢。当帮助过自己的人或其身边的人遇到困难时，精英会马上伸出援手，以报答以前受过的帮助，这是第四次感谢。

普通人只会在别人帮助自己时表达感谢。相比之下，哪怕别人只帮助过自己一次，精英也会牢记一辈子，并通过实际行为反复地表达感谢。

正是因为如此，精英能够得到别人的信赖，获得更多的帮助。

让自己成长的问题 51

你会一直都向帮助过自己的人表达感谢吗？

☐ YES　　　☐ NO

52　减少"应该"

把"应该"这样做用在自己身上，可以成为自己的处事方式，但是如果强加于人，就容易出现人际关系问题。过分地追求"应该"的正确性，就会排除其他选择的可能性，而只留下一个"应该"的选择。如果双方都很固执，都坚持自己是对的，那么就会引发争执，严重的话，甚至可能发展成为战争。

一旦养成了从"应该"的视角出发进行观察思考，就容易错过其他更好的选择。

精英的思维方式更具灵活性。精英会认真听取周围人的意见，倾听不同的看法，仔细斟酌后，再得出自己的结论。即便这个结论是别人的意见，而非自己的想法，他们也不会在意。

身体需要保持柔韧性，思维同样需要灵活性。思维灵活的人做事会更顺利。

| 让自己成长的问题 52 |

你能灵活地接受别人的意见吗？

☐ YES　　　☐ NO

53　不吹嘘炫耀

最近，我经常听到"Mounting（排序、攀比）"这个词。

一个人无论取得了多么大的成就，也不应该在聊天时，与他人进行攀比，贬损他人。

精英与人交谈时，绝对不会吹嘘自己。相反，他们会以戏谑的口吻主动谈论自己的失败。

先行一步的人比尚未涉足的人更清楚一路上暗藏着哪些陷阱。在交谈中，精英不会居高临下地教训别人，而是会站在对方的立场来分析事情。显然，谁都喜欢听这样的人说话，会被其宽厚的胸襟和博爱体恤所感动。

如果觉得只分析失败的教训不足以帮助到对方，当然也可以谈一谈成功的经验。只不过，要把自己成功的经验当成别人的故事来讲述。从第三者的视角来传递信息就不会变成炫耀，就能营造出自然和谐的交谈氛围。

有很多人小有成就后就大肆炫耀，这样的人是很难继续成功下去的。

　　人的情感纤细敏感。请站在对方的立场换位思考，不要攀比、贬损他人，以营造良好的交流氛围。

> 让自己成长的问题 53

你会笑谈自己的失败经历吗？

☐ YES　　　　☐ NO

54　不惧怕任何对手

在今后的人生中，你可能会遇到自己的偶像或非常优秀的成功人士。届时，请一定注意，不要被对方的气场所吓倒，要充满自信地去接触他们。无论对方是什么大人物，请记住，大家都是人。你才是自己人生的主宰者，完全没有必要觉得自己低人一等。

当然，我并不是建议大家在待人接物时要目中无人。无论对方是谁，都请尊敬对方，这是做人的底线。

但是，如果对方觉得你的态度不够谦卑而对你不满意，那么你也没有必要再进一步与其深交。

真正的一流人士，看到成熟稳重、不卑不亢的你，反倒会对你产生好感。

我内心敬重的一位老师总是跟我说："在这个世界上，没有任何人可以摆架子。抛开那些头衔，大家都只是普通人罢了。所以，你不需要惧怕任何人。与人交往时一定要不卑不亢。既要尊重对方,也要珍爱自己。千万不要有任何被人瞧不起的可耻行为。"

无论接触的对象多么优秀,在面对他们时,精英也会充满自信,不卑不亢。

| 让自己成长的问题 54 |

你会被对方的头衔身份吓倒吗?

☐ YES　　　☐ NO

55　不吃独食

我生长在商人家庭，从小就在做各种生意的商人群体里长大。从昭和时代（1926年~1989年）末期到平成时代（1989年~2019年）初期，我经常听到一句话，"务必保守企业机密"。当时的日本，整体经济充满活力，全社会都认为商业就是竞争。

但是，时代变化了，进入令和时代（2019年至今）以后，"共享"成为新的时代潮流。"共享"意味着大家共同分享好东西。

这种流行与时代背景有关。假设你掌握了某门技术，即使你为了保密，不告诉别人自己掌握的信息和技术，但别人只要上网搜一搜，就能搜到很多类似的技术和知识。

精英乐意与人共享。越是成功的人，越不会吃独食。 精英发现新东西后，会将其公之于众，接着，精英会踏上新的探索征程。表面上看，精英吃亏了，但实际情况并非如此。乐于分享的人会收获"信用""恩情""感谢"等财产。

"与大家共享，会让很多人变得幸福。"这种博爱的精神会吸引到优秀的人才。

| 让自己成长的问题 55 |

你会与人共享吗？

☐ YES　　　☐ NO

56　不讲客气

比如，你手头有一个好商品。此时，少数人认为要广而告之："既然是好东西，就应该告诉大家"；多数人则认为："虽然是好东西，但是上门推销会给对方造成困扰。"

如果是因为担心上门推销会给对方造成困扰，所以没法进行推销，那么也就算了。但是，如果是因为担心被拒绝、被讨厌，为避免自尊受到伤害而找借口，那么就太可惜了。

没有任何前期铺垫，就突然要求对方无论如何也要买下你所推销的商品，当然会遭人讨厌。但是，如果是对对方有利的信息，不告诉对方反倒是剥夺了对方的选择权。从这个意义上来说，过多干扰是错的，毫不推介也是错的。

如果现在你掌握的信息、拥有的商品能够帮助到对方，那么无论是有偿的还是无偿的，无论你能否从中受益，都请先告诉对方。

对方听不听是对方的事情,说不定他们也会感谢你告诉了他们这么重要的信息。

如果是有利于对方的事情,精英是不会讲客气的,他们肯定会告诉对方。

> 让自己成长的问题 56

你会因为害怕受伤而畏缩不前吗?

☐ YES ☐ NO

57　不压抑温柔

假设公司里有一个同事被大家孤立了。他因为工作苦不堪言，但没有人去帮助他。你虽然很想帮助他，但怕弄巧成拙，自己也被同事们孤立，所以迟迟不敢去帮助他。

你是否有过上述经历？

我在培训或咨询中提出这个问题时，很多人都泪眼汪汪，让我感到很惊讶。这说明，其实有很多人都曾因为自己缺乏帮助别人的勇气而沮丧。

人心都是善良的。所以，当一个人无法释放内心的温柔时，会觉得非常愧疚和沮丧。

精英想帮助别人时会毫不犹豫地采取行动。精英不会在意周围人的眼光，他们首先考虑的是自己内心的想法。

无论将遭遇什么样的伤害，也请不要压抑内心涌动的温柔。帮助别人的好人是绝对不会输的。

请将注意力放在获得你帮助的人的笑脸上，而不是那些批评你的人身上。

> **让自己成长的问题 57**

> 你会毫不犹豫地伸出援手吗?
>
> ☐ YES　　　☐ NO

58　能够换位思考

一般来说，争执双方在争吵时，出于自我保护的本能，双方都会站在自己的立场为自己说话，而且会尽可能地寻找支持者。所以，很多时候，如果只听 A 的意见，就会觉得错都在 B，然后与 A 一起攻击 B。

但是，精英绝不会只听一方的片面说辞就采取行动。因为精英知道"公说公有理，婆说婆有理"，所以会坚持听完双方的意见。

那么，听完双方的陈述后，就直接下判断吗？聪明人是不会这么做的。聪明人只会倾听，但绝不加入任何一方。否则，原本只是两个人的争吵，就会因为太多人的卷入而发展成为一场混战。聪明人只会表示理解双方的心情，并努力去平复双方的情绪。

我认为，人都是最爱自己的，都希望别人能够理解自己。人们只喜欢那些理解自己的人。

无论站在何种立场,人们都希望得到别人的理解。正因为如此,孤独会成为干扰判断的首要原因,会让人误以为全世界都在反对自己。哪怕只有一个人能发自内心地理解自己,我们也会感到些许安慰,我们的内心就能恢复平静。

精英能让自己成为别人的"唯一的理解者"。

> **让自己成长的问题 58**
>
> 你会只听信一面之词就做出判断吗?
>
> ☐ YES　　　☐ NO

第五章

精英的习惯力

59　养成肯定的习惯

每个人都有自己独特的思维方式。乐观主义者无论遇到什么困难,都能从中发现希望;悲观主义者即便身置无垠的花田,也只会注意到污物。

我非常尊敬的一位日本超一流文化人士曾经告诫我:"肯定世间万象,感谢世间万象。"

他还说:"思维方式不是说改就能改的。先从尝试反复吟诵开始,慢慢地思维方式也会跟着变化。"于是,我就照此开始了一个人的小声吟诵"肯定世间万象,感谢世间万象"。

语言的力量真的很伟大。不过是将"肯定世间万象,感谢世间万象"当成口头禅来咏诵,我真的就逐渐变得宽容大度、善解人意了,也越来越充满感激之情了。

改变思维方式的确很难。如果一下子改不过来,可以先试试改变口头禅,再慢慢地改变思维方式。

语言会变成现实。自己平时使用的语言可以创造出新的人生。

> **让自己成长的问题 59**

你总爱否定一切吗？

☐ YES　　　☐ NO

60　重视语言环境

人类借助语言进行思考，通过语言进行沟通。精英深知语言的重要性。

实际上，**语言才是内心的方向盘**。

假设你每天使用100个词语。其中，有10%的词语是可以让人心情舒畅的正能量词语，其余90%的词语是让人情绪低落的负能量词语。那么，10-90=-80。

请参照方向盘的操作动作来想象一下。当负能量词语数量超过正能量词语数量时，无论心里多么渴望幸福，心情也会转向相反的消极方向。

根据这个公式，在我们每天使用的词语中，哪怕只有51%的正能量词语，也可以改变人的心情。只有当内心充满正能量词语时，人才能朝着积极的方向行进。

我们看见什么词语、听见什么词语、说出什么词语，都会极大地影响我们的一生。

精英不仅会谨言慎行，也会仔细甄别所听到的话语。他们会通过调整周围的语言环境，让内心朝向积极的方向。这样，所发生的事情和自己关注的事物就会发生巨变。

可以说，精英就是熟练掌握语言力量的人。

> **让自己成长的问题 60**

你会使用正能量词语吗？

☐ YES　　　☐ NO

61　常说"我很幸运"

任何人都拥有理想的自我形象,并希望自己能成为那样的人。这个理想的自我形象比别人眼中的"你是这样的人"更具强大的影响力。

精英十分注意自己的语言。他们非常清楚,**自己才是听自己说话最多的人**。

我周围的精英经常说"我很幸运"。即便是在倒大霉时,他们也会说"我很幸运"。精英通过对自己说"我很幸运",让自己相信自己是幸运的。

语言和大脑之间有着很奇妙的联系。当人说"总之,我就是很幸运"时,大脑会疑惑为什么会觉得自己很幸运,并开始搜索觉得幸运的原因。于是,逐渐找到许多理由。由此可见,语言对内心造成的影响是不可估量的。

这么看来,精英的思维逻辑链是先语言再内心,而非先内心再语言。

说"我很幸运"是免费的,不妨试试把它变成自己的口头禅。

| 让自己成长的问题 61 |

你觉得自己幸运吗?

☐ YES　　　☐ NO

62　鼓励他人

人生在世，有得意的时候，也有失意的时候。

虽说使用积极语言会有很多好处，但事实上大多数人很难做到使用积极语言。而且，在遭遇失败时，如果强迫自己使用积极语言，只会让心情变得更加沮丧，越来越否定自我，有时候还会抬不起头来。

有一个适用于这种时刻的有效解决办法，那就是反复说"没关系，会成功的"，给自己加油鼓劲。

由于大脑无法识别这句话的主语是谁。所以，即使是对别人说"会成功的"，但大脑在潜意识里也会产生自我激励的效果。

实在没法表扬自己时，不妨稍微转换一下说话的角度，试着去鼓励别人，也能产生很棒的自我激励效果。精英不仅会安慰鼓励自己，也会注意安慰鼓励周围的人。

通过不仅对自己也对周围的人说"会成功的"，可以强化大脑对"我会成功的"的坚信。因为这句话可以让包括我们自己在内的所有人都感到欢欣鼓舞,所以我向大家推荐这个办法。精英通过鼓励别人,进而完成自我鼓励。

> 让自己成长的问题 62

你会安慰鼓励周围的人吗?

☐ YES　　　☐ NO

63　养成破解他人意图的习惯

现在，上网冲浪或浏览新闻时，经常会看到煽动不安情绪的信息。比如，"如果没有××，老年生活将很艰难。""等待年收入×万日元以下人们的是悲惨的未来"等。看到这些信息，如果能够化解掉不安情绪还好，但有时候旁边会出现"想要解决这个问题，请点击此处"的诈骗网站入口。也许你会觉得，怎么会有人上当呢？不幸的是，当人在心神不宁时，大脑往往会停止思考。据说，被诈骗的金额在逐年递增。

精英会如何应对这种事情呢？

现在，我们通过网络接触到的信息，大多只不过是个人借助 SNS（Social Network Service，社交网络服务）发布的"个人见解"。在这种情况下，精英浏览信息时最关注的是信息的来源或发布者的意图。

精英绝对不会轻易相信和采纳来路不明的个人感想类

信息。因为精英知道,所有的信息都隐藏着发布者"想被关注""这么写就能赚钱"的意图。所以,他们不会受到信息的干扰和煽动,而是坚持自己的独立思考。

为了不浪费自己有限的人生,请在冗杂的信息洪流中擦亮双眼,过滤掉那些不可信的信息,只选择自己需要的信息,并好好地加以利用。

> 让自己成长的问题 63

你觉得这条信息的来源可靠吗?

☐ YES   ☐ NO

64　把书籍当作信息源

随着互联网的迅速发展，日常生活中充斥着各种各样的信息。不仅如此，普通人还掌握了发布信息的手段，成为一个个自媒体。自媒体的出现一方面的确给人们的生活带来了便利；另一方面，有越来越多的人被毫无根据的信息弄得心神不宁，失去了判断力。

在这种情况下，**精英会依旧坚持从书中寻找信息**。

这背后有三个理由。

第一，一本书在正式出版前需要经过多重审查。书中信息出自何处？依据是什么？只有经过多重审查后，一本书才能出现在书店的书架上，最后才能到达读者的手中。

第二，书籍的信息量。一本书的信息量相当于10个小时的研讨班课程。即便如此，一本书的定价也只有1500日元左右。仔细算一下就能发现，通过书籍获取信息是非常划算的。

第三，阅读可以提高想象力，可以训练大脑的思考力。

书籍有信息可靠、物美价廉和提高想象力三大优势。而人人都可以做自媒体意味着我们必须对信息进行处理，以甄别筛选出真信息。书籍是世界上最古老的媒体。换一个角度来说，书籍是世界上最可靠的媒体。

> **让自己成长的问题 64**
>
> 你有读书的习惯吗？
>
> ☐ YES　　　☐ NO

65　反复品读喜欢的书

以前,为了获得成功,我广泛涉猎各种书籍,但都只是满足于阅读行为本身,并不会将书本里的知识转化为自己的实际行动。

后来,我的人生导师告诉我:"**与其涉猎各种书籍,不如反复阅读最有感触的书籍,至少读 7 遍。**"

这条建议对我影响巨大。从那以后,我开始一遍又一遍地反复阅读那些触动自己的书籍,我的行为也在这个过程中慢慢发生了变化。

世界在不断变化,人也会不断成长。半年后、一年后,我们也许会遇到许多和现在不一样的问题,这就需要寻找相应的解决办法。书籍是一个很神奇的东西,即使初读时没有什么感觉,半年后再读也许会有完全不一样的体会。"咦?有这么一段话吗?怎么之前没注意到啊?"新发现的部分也许正是对现在的自己最为重要的部分。这就是成长的证明。一本好书会成为你收获成长的标志。

通过反复品读书籍，你会在某一天突然迎来豁然开朗的瞬间。等回过神来，你已经能够自如地跟别人畅谈书里的内容了。如果能走到这一步，说明书里的知识已经完全被你吸收转化为自己的东西了。

精英会反复品读喜欢的书籍。请试着反复阅读你最喜欢的书籍。

> 让自己成长的问题 65

你有反复阅读到能够背诵的书籍吗？

☐ YES　　　☐ NO

66　训练行动力

成为精英的条件之一是具有"行动力"。迄今为止，诸多思想家、哲学家、成功者都一直在强调行动力的重要性。

人只要开始了行动，就终究会有所收获。即使行动失败了，也能得到教训。

相反，什么都不做的人虽然不会失败，但也什么都得不到，余下的只有遗憾。可以说，这才是人生中最大的失败。

据说，日本人平均每天的行动次数低于一次。这意味着什么呢？这意味着大多数日本人一生中从未尝试过挑战。

那是不是说世界上有很多既没有才华也没有能力的平庸之辈呢？事实也并非如此。实际上，反倒是处处藏龙卧虎，有很多被埋没的人才。

即使现在能力不够，也可以先行动起来，否则什么都不会发生。

不用一开始就挑战难关，可以从力所能及的地方开始，先迈出第一步,然后慢慢地锻炼行动力,你终将获得成功。

> **让自己成长的问题 66**
>
> 你珍惜挑战精神吗?
>
> ☐ YES　　　☐ NO

67　增加行动量

在上一节中我强调了行动力的重要性。实际上，有行动就肯定会有失败。行动刚开始就遭遇失败其实也是家常便饭。只不过，不要因为失败就气馁或放弃。行动时，先不要考虑是否会成功，而是集中精力行动。

比如，打棒球。如果挥动10次球棒，可以击中一次球，那么击球率就是10%。按照这个节奏继续击球，挥动1000次球棒就能击中100次球吗？实际情况恐怕并不会如此简单。

即使那些原本根本击不中球的人，如果持续挥动1000次球棒击球，其击球能力多少都会有所提高。那么，在慢慢掌握了击球技巧之后，击球率就会从10%逐渐变成20%、30%，最后甚至能够全垒打。

就像这个打棒球的例子一样，当你开始行动后，最重要的是"行动量"。因为量变引起质变，大量的行动必然会助力你成长。

为了抵达成功的终点，请不要害怕失败，继续勇敢前行。

| 让自己成长的问题 67 |

你能不惧失败坚持挑战吗？

☐ YES　　　☐ NO

68　注意形象

人最重要的是内涵，无须在意外表。这句话过去曾被奉为真理，但现在时代已经不同了。

姑且不论妆扮自己的花费是否昂贵，在经济能力可以承受的范围内，一定程度上保持仪容整洁是完全可以做到的。当下，不注意仪容外表的人，会被认为是不尊重别人。

精英都很注意自己的仪容外表，关注时尚，保持整洁干净。

有一位成功人士曾跟我说："永松，外表是一个人内在的表征。一个人是什么样子的，也会体现在其外表上。"我一直记得这句话。从那以后，我也开始注意起自己的仪容外表了。

我刚才也说了，我们现在不需要购买价格非常昂贵的衣服也能收拾打扮好自己。既然有一个丰富的内心世界，那么就好好地展示出来，让别人能够看到。

| 让自己成长的问题 68 |

你觉得无须在乎外表吗？

☐ YES　　　☐ NO

第六章

精英如何提升自我

69　持续改变自我

众所周知，受到 2020 年在全球范围内爆发的新冠疫情的影响，社会正在发生着快速的变化。

原本每天必须准时去公司打卡上班，现在变成了居家线上办公。实际上，办公方式的变化不过是一个例子而已，许多意料之外的变化正在不断发生。

在这个过程中，最厉害的人是那些能够随机应变的人。

当然，那些拥有显而易见能力的人，比如有钱的人或工作能力强的人，也许在变化中会有一定的优势。但是，如果金钱不值钱了，那么拥有再多的金钱也毫无意义。无论工作能力多么强，一旦被 AI 或机器人替代了，能力也会毫无用武之地。

也许这种情况离我们还比较远，但是，当今社会无时无刻不在发生一些让人难以预料的变化。唯有无论发生什么变化都能灵活应对的人才是最强大的。

因此，我们必须拥有灵活的思维方式，明白变化是必然的，能够以积极的心态去迎接各种变化。只有这样，才能在这个瞬息万变的时代之中顺利地活下去。

> **让自己成长的问题 69**

你准备好迎接时代的变化了吗？

☐ YES　　　☐ NO

70　对成功信息保持敏感

下面是一位商学院的讲师和该学院某位成功校友的故事。

讲师采访这位曾经的学生，问他成功的秘密是什么。学生拿出一个笔记本说："我只是照着上面写的做了而已。"

讲师翻看了笔记本后不禁感叹道："嗯，全部照做的话的确会成功。"原来笔记本上记录的全是讲师曾经在课堂上讲过的内容。虽然讲师自己根本不记得了，但学生却一字一句全都记下来了，并悉数照做，最后获得了成功。

世界上有三种人，第一种是有宝贝也不会注意的人；第二种是被告知有宝贝后会捡起来的人；第三种是不放过任何蛛丝马迹找到宝贝的人。

聪明的读者肯定猜到了，精英属于最后一种人。会成为上述三种人中的哪一种人，与人对成功信息的敏感度有关。精英常常保持着对成功信息的敏感，不会放过任何别人遗漏的关于成功的线索，并会认真记录下任何关于成功的蛛丝马迹。

想要提高对成功信息的敏感度，只有一个办法，那就是强烈的意愿。只要你有强烈的成功意愿，那么在不知不觉中，你对成功信息的敏感度就会提高，慢慢地就能够抓住成功的机会。

| 让自己成长的问题 70 |

你会提高对成功信息的敏感度吗？

☐ YES　　　☐ NO

71　拥有超厉害的强项

我认为，将来拥有一个特别厉害的强项，比什么都会一点更有可能获得成功。为什么呢？因为自媒体的环境已经形成了。也就是说，任何人都有机会向全世界发布和传播信息。

在过去，一个人如果想对社会造成什么影响，只能依靠口口相传。但是在未来，全世界78亿人都将成为信息的受众。无论是多么冷门的兴趣爱好，一旦受众的范围扩大，拥有相同兴趣的人的人数就必然会随之增多。

你有什么可以向其他人夸耀展示的东西吗？

如果有，请尽可能详细地描述出来，不要泛泛而谈。比如，以车为例，不需要知道所有车种，只要知道一种车的详细信息就行。如果是关于狗的，哪怕只知道一个犬种也行。比如，非常熟悉某个犬种的各种疾病，拥有的关于该犬种的知识量不逊于任何人。

自媒体时代意味着无论你的兴趣多么小众，都能接触到一些与你兴趣相同的人。仅凭这一点，你就不难成为某个方面的专家。

未来属于广为人知的各行业专家和能够直观地展示自己强项的人。

> 让自己成长的问题 71

你有不输于别人的强项吗？

☐ YES　　　☐ NO

72　发挥长处

很多人都渴望拥有更多的才能。但是，如果据此就说这些人没有才能，那就大错特错了。大多数人只是没有察觉到自己的才能而已。

有不少人只顾着羡慕别人的才能，却看不到自己的才能。而且，不知道为什么，人们总习惯于注意到自己的不足。

精英会将更多的时间花在发现自己的长处和提升长处上，而不仅仅是弥补短处。这样一来，就像"兴趣是最好的老师"所说的一样，长处会越来越厉害，仅靠这个长处就能抵消其他的短处。

让人感到神奇的是，到了这个境界之后，连之前所认为的短处都会让人觉得是长处了。

世界上没有完美无缺的人。每个人都有擅长的领域和不擅长的领域。正因为自己有不擅长的领域，那些有专长的人才有了发光发热的机会。

请不要只看见自己的不足,而要注意发现自己拥有的才能,并充分发挥自己的才能。

> 让自己成长的问题 72

你注意到自己的才能了吗?

☐ YES　　　☐ NO

73　明确为什么

有一个和制英语[一]叫"know-how（知识、技能）"，意思是"知道怎么办"。世界上有很多有关知识技能的书，媒体上也充斥着讲解做事方法的文章。

精英当然也会学习知识技能。但是，精英在学习知识技能前会先明确一件事，那就是"know-why"，即"知道为什么"。

"为什么做这件事？""为谁做这件事？" 在追问自己的过程中，人们会逐渐看清楚做某件事情的"意义"。

关于做某件事情的意义，经常被提及的一个作用是，可以"激发干劲"。准确地说，"干劲"就是"做那件事情的意义"。"意义"不会上下浮动，它更像是人们心中的一束光，会闪耀也会暗淡。可以这样认为：上下浮动的是心

[一] 日语词汇的一种，是日本人利用英语单字拼合出来的英语本身没有的新词——译者注。

情,而不是干劲。

精英在寻找方法和目标之前,会先弄清楚为什么做,然后再开始行动。

人最强大的干劲是"为什么"。

让自己成长的问题 73

你能说清楚为什么做某件事情吗?

☐ YES　　　☐ NO

74　不找做不到的借口

当我们准备做某件事情时，有时会寻找逃避做事的借口。比如，"要是时机合适的话""因为没有学历""因为不擅长"。而且，我们还喜欢为自己的逃避行为寻找理由。如果寻找借口只是为了逃避做事，那么无论是什么事情，我们都不会积极地去尝试。

精英不会说"因为……所以做不了"，而总是在思考"怎样做才行"。 精英会搜集可以做的理由，并努力将其尽早变成现实。

成功人士和非成功人士的区别不在于决心或耐性，而在于他们自问自答内容的不同。

当你罗列自己不能做的理由时，请自问"我真的不能做吗？"千万不要去寻找"怎样才能不做这件事"的借口，而要思考"怎样才能激发干劲"。这可能才是最有效的放弃逃避做事的办法。

让自己成长的问题 74

你能认真做事，不找借口逃避吗？

☐ YES　　　☐ NO

75　想做就马上做

我的师父曾经对我讲过一句话,让我印象深刻。"普通人看到树上长着好吃的柿子,就只是看着;精英看到后,就马上会把它们摘下来。"

精英总是保持着旺盛的好奇心,而且有着超乎寻常的欲望,比一般人想拥有的更多。因此,精英有一个特征,那就是想到什么就会马上采取行动。虽然听上去像动物一样,但精英觉得,如果想要,就要马上想办法弄到手,这样才不会耽误寻找下一个猎物。

精英不仅在获取想要的东西时行动迅速,在处理厌烦的东西时行动也迅速。精英觉得,如果迟迟不处理掉厌烦的事物,那么心神不宁、罪恶感等不良情绪的时间就会不断延长。

精英的"贪得无厌"是褒义的。精英认为,在有限的人生中,应该快乐地活着。因此,厌烦的事物就应该尽早地处理掉，以便腾出时间去做有意义的事情。这个切换的时间点就是"下定决心的时候"。

精英非常讨厌后悔。他们追求每分每秒都过得快乐。无论是获取机会还是处理麻烦事情，他们都是以速度来决定胜负。

> **让自己成长的问题 75**
>
> 你有拖延症吗？
>
> ☐ YES　　　☐ NO

76　在现在的位置上发光发热

"我是谁？""我的社会位置在哪里？""我想做什么？"

有越来越多的人为了找到这些问题的答案，开始自我探索。

自我探索当然很重要，但是如果沉迷其中，也会产生很大的风险隐患。因为，这有可能导致人们错过眼前或身边的机会。

很多时候，通向成功大门的钥匙就在我们眼前或者脚下，根本不需要满世界去寻找。与其换一个新环境去寻找机会，还不如先试着寻找一下身边的机会。

日本实业家小林一三曾说过："如果被安排去看守客人们换下的鞋子，那就想办法成为日本最会看守鞋子的人。一个人只要有这样的志向，那你绝不会永远只是一个看守鞋子的人。"

人容易被远方的光芒所吸引，总觉得眼前的风景索然无味、没有吸引力。而且，在面对比自己强大的人时，有时候还不得不直面自己的弱小。

然而，精英会在自己的位置上深耕。如果不能在现在的位置上全力做好现在应该做的事情，即使换一个环境，也只能是重蹈覆辙。

所以，请停止抱怨，全力以赴做好眼前的工作，这才是发现真实自我的最快方法。

> 让自己成长的问题 76

你会舍近求远地寻找机会吗？

☐ YES　　　☐ NO

77　坚持终身学习

越是成功的人越好学。

我做培训讲师时,很幸运能有机会认识许多人。在这些人中,有出现在电视、杂志上的名人,也有某些地方的知名企业家。要说**这些精英都具有的共同点,那就是好学**。

众所周知,学习会使人成长。好的老师、伙伴固然重要,但最关键的还是自己的学习态度。

在进入社会工作之前,我们一直在接受各种应试训练。一旦进入社会工作之后,却被要求能够"无中生有"。其实,对于一个打工人来说,做好工作的关键是要想办法提高自己的工作技能、销售能力、想象力和人际交往能力。

不断成长、追逐梦想的过程是人生中最令人激动的创造性实践。你掌握的商业技能和生存技能,会非常有趣地反作用于你自己的人生。

毋庸置疑，人们的财富观的确多种多样。对此我只想说，人生在世十分难得，请务必向最值钱的资产——你自己投资。

| 让自己成长的问题 77 |

你会给自己投资吗？

☐ YES　　　☐ NO

78　拥有好老师

作为一个作者，有幸写了一些书，最常被问到的一个问题是，"成功最重要的因素是什么？"对此，我总是回答："拥有好老师"。

怎样走才能抵达终点？只有到过终点的人最清楚。

想要顺利抵达终点，最有效的办法是放弃自己稀里糊涂地四处乱撞，先去寻找那些到达过终点的人，向他们请教抵达终点的路径和地形图，然后再启程上路。

很多人相信天道酬勤，这当然没错。但如果认真努力的人弄错了方向，那么就会南辕北辙、事与愿违。方向错了，越努力，反倒离成功的终点越远。

为了避免出现这样的情况，一定要事先弄清楚自己的努力方向是否正确，最好先请教一下那些到达过终点的人。

> 让自己成长的问题 78

你是只凭着感觉前行吗？

☐ YES　　　☐ NO

79　主动接受影响

影响力一般是从强的地方向弱的地方扩散的。精英会主动吸收或借鉴成功人士的经验。所以，请先找到成功人士，然后接近这些成功人士，让自己"近朱者赤"。

精英会与成功人士或最终会成为成功人士的人结伴同行。有人也把这种做法称作"同类法则"。

迄今为止，我组织过很多次大型活动，我现在确信真的存在"同类法则"。因为每次组织活动时，放眼望去，仿佛是被施了魔法一样，会场里的1000多位参会者会分成两个阵营。精英与精英聚在一起，非精英与非精英聚在一起。

普通人越是没自信，越是不好意思加入精英团体。这些人可能自卑地认为，自己根本不配待在精英团体里。

但是，此时正是决定你今后能否成为精英的重要时刻。无论多么艰难，也要力争在精英团体里待下去。唯有这样，你才能渐渐融入精英团体里，并在潜移默化中掌握精英的思维方式，最后成为一个货真价实的精英。

> 让自己成长的问题 79

你身处的环境能够帮助你掌握精英的思维方式吗？

☐ YES　　　☐ NO

80　提高接触成功者的频率

学习也好，运动也好，艺术也好，可以说，**无论在哪个领域，经常接触成功者的人比很少接触成功者的人更容易获得成功。**

由于成功者周围一般也聚集着成功者，所以接近这些成功者能够让你学到新知识。而且，不仅能学到新知识，成功者周围还会有许多机会。当那些成功者打算开始做新项目时，如果你正好在他们身旁，就很有可能被他们注意到，从而获得加入成功者团队的机会。正是基于上述原因，通过提高接触成功者的频率，你的成功概率肯定会随之提高。

不妨先试着问问成功者们："有什么需要我做的吗？"

精英习惯于被人请求帮助。现实生活中，很多人总是希望别人能来帮助自己。那么，不妨反其道而行之，告诉那些成功者自己能够帮助他们，肯定会引起他们的注意。

通过帮助那些成功者，获得对方的肯定："那个人又努力又有趣，下次还找他帮忙。"慢慢地，你就会获得对方的信任。所以，要想获得成功，关键在于要尽可能地提高接触成功者的频率。

> 让自己成长的问题 80

你会定期去接触成功者吗？

☐ YES　　　☐ NO

81　乐意接受教导

至今为止，我与很多人进行过个别谈话。在这些人中，既有人让我觉得"这个人肯定会成功"，也有人让我觉得"这个人还有很长的路要走"。

人与人之间的这种差异是由很多因素造成的。其中，最为明显的因素是，**这个人是否谦虚**。

当个别谈话进展不顺利时，无论我说什么，对方的回复多是"不是，我觉得不一样""我不这么觉得"。

谦虚的对立面是自负。自负的人，根本听不进别人的意见。

精英深知自负的危险。当一个人总是认为"我是对的""对方错了"时，他就停止成长了。

为了避免这样的情况发生，接受比自己博学多才的人的教导时，即使对方的想法与自己的不同，也要先谦虚地接受对方的教导，并表达感谢。

精英在向他人请教时，会放下自我，谦虚地接受对方的教导，并将其变成自己的武器。

| 让自己成长的问题 81 |

你在请教他人时，可以放下自我吗？

☐ YES　　　☐ NO

82　养成记笔记的习惯

精英并不完全相信自己的记忆。因为，人在忙碌的时候，如果接二连三地思考不同的事情，之前的记忆就会被新的想法所取代。

所以，无论是什么事情，精英都会做笔记。比如，听到别人说的精彩故事、引起共鸣的箴言佳句等。不仅如此，他们还会立即记下头脑中一闪而过的灵感。

有些词语、想法就像跳出水面的鱼一样，如果不在那一瞬间拿渔网兜住，那么下一次鱼什么时候再跳出来就没人知道了。

现在的生活变得十分便利。以前记笔记一般需要随身携带笔记本。而现在记笔记只需使用手机的记事本功能就行了。

我自己是作家，通过写作向全世界传播信息。多亏了年轻时听到的"无论看到或听到什么，都先拿笔记下来"

的教诲，我才得以写完这些书。

我在书里提到了很多精英说过的话，这些都是在我以前的笔记本里看到的，所有的书名也基本上源于我在失眠的清晨或泡澡放松时突然灵光一闪后所记下来的笔记。

很多人都没有做到，在灵感闪现的瞬间用笔记下灵感。如果你做到了，那么你就赢了。

> **让自己成长的问题 82**
>
> 你捕捉到的灵感多吗？
>
> ☐ YES　　　☐ NO

83　不忘最初的喜悦

世界上存在着各种各样的生活方式。你身边肯定也有几个引人注目的人。

研究这些人的思维方式是我终生坚持的事业。最近，我得出了一个结论。

精英不会忘记感谢那些自己主动接近的人，也不会忘记尊重那些主动接近自己的人。这句话有点复杂，我在这一章节与下一章节中分两个方面来解释。

先来看"不会忘记感谢那些自己主动接近的人"。假设，某日你梦幻般地见到了自己多年以来崇拜的偶像。刚开始时，你会激动得手足无措。但是如果每天都能见到偶像，最初的激动之情就会慢慢消退。再到后来，你越来越听不进偶像的意见，越来越不能遵循偶像的教导。久而久之，当初难得一见的偶像就会逐渐离你而去。

相反，有些人跟偶像在一起时，总是能获得偶像的喜爱。即使已经与偶像很熟络了，也会心怀感激，始终保持谦逊的态度。这就是"不会忘记感谢那些自己主动接近的人"的含义。

> 让自己成长的问题 83

你还记得最初的喜悦吗？

☐ YES　　　☐ NO

84　心存敬意

接下来的内容是关于"不会忘记尊重那些主动接近自己的人"。当双方位置对调,你成了别人的偶像时,你该怎么做呢?

当自己身边聚集了很多人的时候,你能做到不摆架子并在相处的过程中尊重对方吗?

无论自己多么出名,都要做到善待他人、平易近人。

这就是"不会忘记尊重那些主动接近自己的人"的含义。

观察那些持续成功的精英就会深有体会。无论是在工作场合中还是在私人关系里,长期持续成功的人都会珍惜自己的崇拜者和亲近者,永远感谢那些帮助过自己的人。相反,那些虽然取得了成功但迅速忘记感恩他人、迷失自我的人,就很难取得长期的成功。

不会忘记感谢那些自己主动接近的人,不会忘记尊重那些主动接近自己的人。想要做到这两点并不容易。也正是因为能够同时做到这两点的人很少，所以一旦你能做到，那么你就会大放光彩。

在今后的人生中，请一定记住"不会忘记感谢那些自己主动接近的人，不会忘记尊重那些主动接近自己的人"。

> 让自己成长的问题 84
>
> 你在待人接物时态度傲慢吗？
>
> ☐ YES ☐ NO

85　不找成功者的缺点

"明明我更努力,为什么却是那个人出人头地了?""能够取得那么大的成功,背后肯定干了见不得人的勾当。"

人生在世,总会有嫉能妒贤的时候。此时,采取何种行动,决定了精英和非精英的区别。换而言之,在面对比自己优秀的人的时候,采取何种态度,决定了一个人的价值。

非精英会去寻找对方的缺点,并进行嘲讽批评。与之相反,**精英会承认对方的优点,思考对方成功的原因,并学习借鉴**。

本着挑刺的目的去分析那些比自己优秀的人,无论如何分析,自己也不会有什么长进。其实,真正需要寻找的不是对方的缺点而是优点。

以寻找优点的心态,去冷静地观察比自己优秀的人就会发现,他们有"总是积极地向公司提交企划案""工作时高瞻远瞩""周围有值得信赖的伙伴"等各种各样值得学习效仿的地方。

促进自我成长的方法其实很简单：发现别人的优点，谦虚地模仿即可。

> 让自己成长的问题 85

你会寻找别人成功的原因吗？

☐ YES　　　☐ NO

86　关注自我

出了问题，人们总会忍不住去指责对方，将事情的责任推卸给对方。

相比之下，**精英总是将矛头指向自己**，会思考"我有没有责任？""我是不是还可以做点什么？""换作我是那个人的话，应该怎么办？"

这样一来，既不会过多地指责对方，还能通过反省自我，化教训为力量，促进自身成长。

推卸责任的确轻松，但同时也会错失成长的机会。不仅如此，还会制造出伤害对方的罪恶。为了避免发生这样的情况，精英会将矛头指向自己。

失败时，从自己身上找原因；成功时，向帮助过自己的人表达谢意。这才是不断成长、持续成功的人的思维方式。

| 让自己成长的问题 86 |

你会推卸责任吗？

☐ YES　　　☐ NO

87　不走捷径

"轻松""简单""短时间""谁都可以"这些词语同时出现时，会吸引人们聚集过来。你是不是也经常看到过这种情况？

虽然接下来要说的话很现实、很残酷，但如果真的有三个月就能成为亿万富豪的方法，那么全日本应该到处都是亿万富豪了。

放眼望去，实际上在生活中很难找到亿万富豪。社会上充斥着介绍如何成为亿万富豪的书籍和文章，然而亿万富豪的人数却不见增加。当然，在这些富豪中，也不排除的确有一些运气特别好、一夜暴富的人。不过，即便是凭借运气奇迹般地获得了成功，但这种"没开刃的钝刀"是不可能保证长期持续成功的，最后只会走向衰败。

到头来，还是那些凭借实力脚踏实地勤奋努力的人最终能够抵达成功的彼岸。只有脚踏实地勤奋努力的人才能所向披靡、战无不胜。

精英会全力以赴做好自己应该做的事情,根本不会理睬外界的诱惑。精英相信,自己脚下的路虽然看似有点绕道,但其实是距成功最近的路。只要坚守自己的信念,心无旁骛、勤奋努力,才能最终抵达成功的终点。

| 让自己成长的问题 87 |

你会被外界的诱惑吸引吗?

☐ YES　　　☐ NO

88　全力以赴

快速成长的人和大家都愿意帮助的人都有一个共同点，那就是他们做事会"全力以赴"。

什么叫"全力以赴"呢？假设你本来可以做 10 个俯卧撑，但是如果你只做了 8 个就不做了，那么你的成长速度就会变慢。"全力以赴"需要每次都将事情做到极致。唯有每次都做 10 个俯卧撑，才有可能逐渐有能力做 11 个。

此外，"全力以赴"不仅能提高成长的速度，还能获得大家的鼓励。也许你也有过类似的经历，你也愿意去帮助那些"全力以赴"的人。

人是一种神奇的生物。勤奋者喜欢全力以赴，而懒惰者喜欢埋三怨四。仔细观察一下那些总是牢骚满腹的人就会发现，他们大多数都是一无是处的人。

反观自己，如果发现自己最近总是在抱怨，请试试先全力以赴做好眼前的事情。这样的话，应该就没有闲情去抱怨了。

既然人生只有一次，那么就100%地努力工作，120%地享受人生，让周围的人愿意主动来为自己加油。

| 让自己成长的问题 88 |

你会全力以赴吗？

☐ YES　　　　☐ NO

89　擅长放松

人在面临挑战时会感到紧张。所以，想要获得成功，就不要给自己施加过度的压力，而应该适度地放松身心。

大多数精英不会总是处于热血沸腾、精神亢奋的状态。反倒在旁人看来，精英都是出人意料地悠闲，他们多数时候都在平静地按照自己的速度开展工作。那么，怎样才能做到放松身心呢？

无论做什么事情，都应全力以赴地投入，并力争做到竭尽全力。只有竭尽全力过，才有可能体会到精英的那种悠闲放松。

精英也是人，过去也曾因过度紧张或用力过猛而失败过。反过来说，正是因为他们曾经全力以赴过，所以现在他们知道，在面临挑战时如何保持最佳的身心状态。

这与调试泡澡水温是一样的道理。唯有知道了身体能承受的最热水温和最凉水温的限度，才能发现最适合自己泡澡的水的温度。

先拼尽全力,再慢慢减少不必要的多余力量。不勉强自己,放弃不必要的较劲。精英越是在关键时刻,越注意保持身心的放松。

> 让自己成长的问题 89

你会用力过度吗?

☐ YES　　　☐ NO

第六章　精英如何提升自我

90　不满足于现状

你知道老子的那句名言"知足常乐"吗？

简单来说，这句话的意思是不要总惦记着自己没有的，要感谢现在拥有的。这句话当然很有道理，但我却感觉，大多数精英的选择与这句话背道而驰。

精英就像是创造自己人生的创作者，会通过实业、歌曲、写作等方式来向全世界展示自己，抒发感情。

从事创作的人都会告诫自己"不要满足于现状"。为什么呢？因为无论自我感觉多么良好，时代都在不断发展，人们的欲望和追求的东西也在不断变化、升级。

因此，**精英总是会保持着某种饥渴状态，并将这种"饥渴"转变为能量，督促自己进行新的创作。**

需要补充的一点是，本节开头提到的老子的那句名言其实只是想提醒大家，要控制自己的奢求和欲望。

精英最根本的愿望是给别人带来快乐。通过让周围的人感到快乐，自己也能从中获益。换而言之，在做生意、搞创作时，精英永远不会满足于现状，永远会追求更好，为更多人带来快乐。

精英常常对自己的工作保持着某种饥渴状态，并不断提高令自己满意的阈值。

> 让自己成长的问题 90

你会在工作中追求更高的目标吗？

☐ YES ☐ NO

第七章

精英如何创造未来

91　积累小成功

世界上总有一些人会取得超出一般人想象的巨大成功。这些人的巨大成功是一蹴而就的吗？当然不是，谁都不可能突然就成功。

比如，棒球界传奇人物王贞治、铃木一郎以及现在的大谷翔平，这些棒球明星平时都只全神贯注地思考一件事，即如何击中眼前飞过来的球。正是因为他们一生只关注击球这一件事，所以才能获得令人瞩目的成就。

拥有一个伟大的梦想可以让人生变得充满希望。但是，仅仅只是敢于做梦，是不能实现梦想的。想要将梦想变成现实，需要**在日常生活中不断地积累小成功。通过积累众多的小成功，才能最终获得大成功**。想要登上富士山顶，除了一步一个脚印地向上爬之外，没有其他的办法。

如此想来，无论有没有梦想，全神贯注地做好眼前的事情，是获得成功的最佳法则。

无论是多么小的事情，只要今天决定了要做，那么就脚踏实地地做好，这样才能渐渐培养出自信。当看到自己做出的众多成果时，我们就会获得成就感，变得越来越有自信。

最为重要的是，日常生活中要有实现目标的意识。

| 让自己成长的问题 91 |

你会脚踏实地地完成每一项任务吗？

☐ YES ☐ NO

92　尽人事，听天命

你有目标吗？无论目标大小，有目标本身就是一件很棒的事情。

不过，在确立目标的过程中，有一个几乎让所有人都可能掉进去的陷阱。而且因为很多培训班的讲师会自信满满地向大家推荐这个陷阱，所以人们就更容易掉进去了。

这个陷阱就是"设定期限"。

当然，给工作任务设定完成期限是很重要的，但如果是人生梦想、人生目标这类重要的事情，设定期限反倒在很多时候会产生不好的影响。

春天樱花会开，秋天稻谷成熟，这些都是自然规律。从某种意义上说，设定期限可能就意味着"让樱花在夏天绽放，让稻谷在春天成熟"。换而言之，就是违背自然规律，人为干涉自然。

制定目标本身是对的，但人们能做到的，只有尽全力去实现目标,仅此而已。

因此,不要过于在意期限,先全力以赴做好眼前能做的事情,自然就会迎来时机成熟的那一天。待时机成熟时,即使不刻意去抓住时机,事情的发展也会水到渠成、瓜熟蒂落。

精英尊重自然规律。

> 让自己成长的问题 92

你会强行追求目标吗?

☐ YES　　　☐ NO

93　胸怀鸿鹄之志

当今时代,"梦想"一词开始遭到排斥。现实中,以"寻找梦想的方法"为主题的讲座比以"实现梦想的方法"为主题的讲座更能吸引听众。

尽管现在全社会都处在一种无梦想的氛围里,精英还是会谈论自己的梦想。精英会想象自己未来的模样,并努力去实现它。当我看到这些人时,不禁感慨,有梦想的人生真美好。

很多人觉得,人有义务拥有梦想。其实,拥有梦想不是人的义务,而是人的权利。如果认为梦想是必须实现的东西,那么人就会越来越难以拥有梦想。

实际上,**梦想的存在是为了让人生变得更美好,与能否实现无关**。如果人们能这样想,就能更加轻松地描绘梦想了。

人完全可以像小时候一样,天马行空、无拘无束地描绘自己的梦想。没有必要在意社会传统、他人眼光，更不用担心被人讥讽嘲笑。

即使遭人讥讽嘲笑，也用不着郁闷沮丧，"燕雀安知鸿鹄之志"，把嘲笑转化成动力就好了。

其实，越是精英，越会以自己为中心，胸怀伟大的梦想。

> **让自己成长的问题 93**

你有让自己为之激动的梦想吗？

☐ YES　　　☐ NO

94　用简单明了的语言描述梦想

在实现梦想的过程中,我们需要别人的帮助。在这个过程中,我们最需要动员的人并不是别人,而是我们自己。

精英的梦想都有一个共同点,那就是能用简单明了的语言清楚地描述出来。

说一个我自己的故事。41岁时,我因为母亲的遗言有了一个梦想,那就是成为日本第一畅销书作家。虽然我之前从未写过书,但多亏大家的关照,我有幸在2020年和2021年摘取了日本商务书籍日本作家排行榜桂冠。而且在2021年,我的书不仅荣获了商务书籍销量榜的第一名,还荣登了综合书籍销量榜的日本第一。我真的非常幸运,获得了超出想象的成功。

能够取得这样的成绩,当然离不开很多人的帮助。不过,能够实现成为日本第一畅销书作家的梦想,我认为主要原因之一是,我用简单明了的语言清楚地描述了自己的梦想，所以我和我周围的人都很清楚应该怎样做才能实现这个梦想，也清楚为了实现梦想，哪些是必须做的，哪些是不需要做的。

为了说服自己拥有梦想，请先用简单明了的语言清楚地描述自己的梦想。这样做虽然需要耗费一些时间，但是，当你用能够说服自己的语言将梦想描述清楚时，梦想的实现速度就会变快。

| 让自己成长的问题 94 |

你能用简单明了的语言将自己的梦想描述清楚吗？

☐ YES　　　☐ NO

95　公开梦想

有一个成语叫"言出必行",意思是说到做到,甚至超预期地完成约定。

一直以来,日本人尊崇不声不响地埋头苦干为美德。但是,"言出必行"这个成语最近开始在日本社会流行起来。这么看来,人们的价值观在不知不觉中慢慢发生了变化。

精英不仅会公开自己的梦想,还会跟周围的人谈论自己的梦想。可能开始时也会被人嘲笑揶揄,但精英本人却是认真的。

我一直在研究实现梦想的方法。我曾以为,为了避免被人干扰,最好不要告诉别人自己的梦想。但在研究精英的思维方式时,我发现,大多数精英都会告诉别人自己的梦想。

我们不知道那些沉默寡言的人想干什么、想成为什么样子的人。但是,精英不会"沉默寡言"。即便可能会被人嘲笑揶揄，他们也会公布自己的梦想，并寻找支持自己的人。

> 让自己成长的问题 95

你会公开自己的梦想吗？

☐ YES　　　☐ NO

96　每天满怀期待地朝着实现梦想前进

人的想象力有着超乎想象的能量。

抵达终点时会是怎样的心情？在终点能看到什么样的景色？

想象着终点的模样，充满期待地生活，就会发生不可思议的事情。因为在这个过程中，我们会逐渐看清楚实现梦想所需的要素。

人的大脑会无意识地追逐自己正在追求的东西。比如，想买某款汽车时，我们在街上行走时就会频繁地看到同款汽车；想减肥塑身时，就会频繁地看到减肥广告；想换住房时，就会在出人意料的地方看到地产中介。

与此类似，当一个人确定了自己的梦想后，与实现梦想有关的要素就会自然而然地映入眼帘。

精英常常想象未来梦想实现后自己的样子，并为此而充满期待地生活。很多人觉得梦想与现实是完全不一样的，所以放弃了想象；然而，精英却能够超越眼前的现实，如临其境地感受着未来。

在生活中，是聚焦现实还是满怀理想，两种选择带来的未来差距是巨大的。

| 让自己成长的问题 96 |

你有理想的未来蓝图吗？

☐ YES　　　　☐ NO

97　助力他人的梦想

现实中有不少人不知道自己到底想干什么，不知道如何描绘梦想。

对于因为没有梦想而苦恼的人，我建议他们声援别人的梦想。

那些因为找不到自己的梦想而苦恼的人，可以通过帮助别人实现梦想，继而找到自己的梦想。

很多人都是在帮助别人的过程中，慢慢找到了自己的梦想。

待在那些拥有梦想的人身边，你的思维方式会潜移默化地被拥有梦想的人同化，你逐渐也能够想清楚自己的梦想。

所以，千万不要因为自己没有梦想就放弃努力，在还没有找到自己的梦想之前，不妨先积极地声援别人的梦想。

让自己成长的问题 97

你会帮助别人实现梦想吗？

☐ YES　　　☐ NO

98　成为他人的梦想

现在，一些上了年纪的人认为，年轻人没有梦想是一个很严重的问题。但实际上，**真正的问题并不在于年轻人没有梦想，而在于没有出现可以让大家效仿的榜样**。

人只有憧憬某个事物才会拥有梦想。我小时候，日本经济还不错，大人们都精力充沛。但是自从经济泡沫破灭后，三十年来，日本经历了世界罕见的长期经济低迷。在这个过程中，大人们丧失了自信，思维方式和言语措辞都变得消极、畏缩。孩子们是看着这些失去梦想的大人们长大的。即使大人们要求孩子们要有梦想，孩子们也不知道把什么当作自己的梦想才好。究其原因，在于大人们自己本身就没有梦想。

"虽说人要有梦想，奈何周围环境暗淡无光，我自然也会变得心灰意冷。"虽然这句话没有毛病，但精英会认为，"正是因为周围一片黑暗，所以我要成为那一束照亮四周的光芒。"

因此，重要的是，从现在开始就要像精英那样思考。也就是说，成为拥有精英思维方式的人。无论从事何种工作，无论身处何种地位，拥有出色思维方式的人迟早会绽放光芒。这样的人才能成为下一代人憧憬的对象，才会促使下一代人也想拥有自己的梦想。

此时此刻、此地此处，你会选择哪一条路呢？你的思维方式将决定你做出不同的选择。

> 让自己成长的问题 98

你的生活方式值得下一代人效仿吗？

☐ YES　　　☐ NO

第七章　精英如何创造未来

99　保持成长

在伟人们发现的众多定律中，有一个世间万物的生成发展定律。简而言之，即世界是不断发展变化的。这是我们所生活的世界亘古不变的真理。

昭和时代初期，世界上还没有手机。那时候的人根本无法想象，几十年以后，人们只需要轻点手机就能检索到几乎所有需要的信息。但是，这些发明并不是突然就凭空出现的，而是在老一辈人创造出来的东西的基础上发明出来的。今后，肯定也会出现比现在更多的发明创造。这么一想，大家就能够理解世界是在不断发展变化的了。

这个定律同样适用于我们人类。我们刚生下来时，什么都不会，之后慢慢开始咿呀学语，开始试着扶着东西站起来，最后学会了自己独立行走。在这个过程中，我们能感受到从不会到会的成长快乐，这证明了这一定律也同样存在于人类的成长过程之中。

精英相信，自己每天都在成长，自己的人生每天都在变得更好。直至去世的前一秒，精英的思维方式都一直在成长。

思维方式的改变可以极大地提升人生的高度。通过不断学习、拓宽视野、反复挑战，将自己向前推进，那么今天会比昨天更好，明天会比今天更好，后天会比明天更好。

| 让自己成长的问题 99 |

你期待自己的未来吗？

☐ YES　　　☐ NO

结语——促使我们成长的事物

感谢你读到了最后。

我猜，你可能是怀着复杂的心情读完此书的。

纵览所有章节，你可能因为自己已经做到了而沾沾自喜，也可能因为自己没有做到而闷闷不乐。请暂且将这种情绪放到一边。因为读完这本书，一切才刚刚开始。

在人的一生中，促使我们成长的因素有三个，即相遇、行动和重复。

人在一生中会遇到各种各样的人和事物，其中也包括思维方式。

这次，你通过这本书遇到了新的思维方式。

第一个成长因素是相遇。

相遇是万事万物的开始。因此，读完这本书不是抵达了终点，而是站到了起点。通过掌握精英们的思维方式，你一定会获得某种成长。

第二个成长因素是行动。

想要把遇见的思维方式变成自己的思维方式，关键是要在实际生活中进行实践。

生活中我们会遇到各种情况，这当中，肯定也会有我们不喜欢的情况。此时，你一定想知道精英遇到这种情况会怎么办，于是重新翻开本书，并将本书当作寻找解决问题方法的钥匙。果能如此，那就真是太好了。

第三个成长因素是重复。

我在本书中特别强调了重复的重要性。

思维方式的掌握不是一蹴而就的，需要反复训练、加强思考。唯有这样，才能将精英的思维方式变成自己的思维方式。

本书的制作团队特意为你设计了重复手段，就是本书附录上的"人生越来越好的 99 个成长事项核对表"。请大家复印这张表，并在此表的右上角填好日期，然后逐一回答"是"或"否"。每答对一个问题得 1 分，得分越接近 100 分，说明你的人生越顺遂。同时，通过时不时反复核对这张表，你将发现自己的成长。

最后有一个礼物要送给你。

我在五年前创办了网络杂志《永松茂久的三分钟留言》。每天早上，杂志以电子邮件的方式向读者传送精英的思维方式。多亏大家的支持，现在这本网络杂志的读者人数已经超过了4万人。本书就是在这个网络杂志的基础上形成的。可惜的是，因为字数的限制，还有很多内容没有选入本书。

本书的出版得到了许多人的帮助。

衷心感谢担任本书编辑工作的山下美树子女士、SB创新战略企划部和营业部的各位同仁。

还要感谢今年新开业的世纪出版公司的各位同仁。正是因为有了大家的支持，我才能够专心写作。今后，我将帮助新人作家出版书籍。以"用书籍的力量给日本带来活力"为宗旨，出版各种各样的书籍，以回馈读者的厚爱。

最后，衷心感谢本书的读者朋友们，祝你们工作顺利、前途无量。恭喜大家站在了通向成功道路的起点上。

非常感谢你购买、阅读本书。

希望有朝一日我们能够在现实生活中相遇。届时，如果本书有帮助到你的地方，请一定要告诉我。

我非常期待本书能帮助到大家。

最重要的是，希望你今后的人生将更加灿烂辉煌。

2022年即将到来,我坐在位于东京麻布的出版公司的办公室里写下了这篇结语,此时我的身边围着永远精力充沛的贵妇犬们。

感谢!

永松茂久

日期：＿＿＿＿＿＿＿

人生越来越好的 99 个成长事项核对表

让自己成长的问题 01
你会墨守成规吗？　　　　　　　　　　是☐　否☐

让自己成长的问题 02
你会延时满足自己的欲望吗？　　　　　是☐　否☐

让自己成长的问题 03
你会不假思考随大流吗？　　　　　　　是☐　否☐

让自己成长的问题 04
你拥有无理由的自信吗？　　　　　　　是☐　否☐

让自己成长的问题 05
你会因为选择高档物品而产生罪恶感吗？　是☐　否☐

让自己成长的问题 06

你会过度执着于难以成功的事情吗？　　　　是□　否□

让自己成长的问题 07

你会将注意力集中在人心而非讲道理上吗？

是□　否□

让自己成长的问题 08

你有主见吗？　　　　　　　　　　　　　　是□　否□

让自己成长的问题 09

你有"换位思考"的习惯吗？　　　　　　　　是□　否□

让自己成长的问题 10

你能发现"其实谁都能做，却没有人做"的事情吗？

是□　否□

让自己成长的问题 11

你会过于在意获得"好厉害"的评价吗？　是□　否□

让自己成长的问题 12

你重视直觉吗？　　　　　　　　　　是☐　否☐

让自己成长的问题 13

你会被周围人的意见、信息左右吗？　　是☐　否☐

让自己成长的问题 14

你会被多余的东西拖住后腿吗？　　　　是☐　否☐

让自己成长的问题 15

你会打开眼界观察思考问题吗？　　　　是☐　否☐

让自己成长的问题 16

你会注意事物的积极面吗？　　　　　　是☐　否☐

让自己成长的问题 17

你会聚精会神地盯着眼前的事情而不是其他人吗？

　　　　　　　　　　　　　　　　　　是☐　否☐

让自己成长的问题 18

你在人际交往中缺乏边界感吗？　　　　是☐　否☐

让自己成长的问题 19

你会因为在意周围人的评价而感到疲惫不堪吗？

是□　否□

让自己成长的问题 20

你会思考发生在自己身上的事情的寓意吗？

是□　否□

让自己成长的问题 21

你会专注于美好的未来而非过去吗？　是□　否□

让自己成长的问题 22

你会在行动之前思虑过多吗？　是□　否□

让自己成长的问题 23

你会过于在意周围人的看法吗？　是□　否□

让自己成长的问题 24

你会在事情开始时就灰心丧气了吗？　是□　否□

让自己成长的问题 25

你从失败到重新再来之间的时间长吗？　　是☐　否☐

让自己成长的问题 26

你会让身边的人都"人尽其才"吗？　　是☐　否☐

让自己成长的问题 27

你认为持续忍耐会换来光明的未来吗？　　是☐　否☐

让自己成长的问题 28

你有好奇心吗？　　是☐　否☐

让自己成长的问题 29

你身边有无论发生什么事情都无条件肯定你的人吗？

　　　　　　　　　　　　　　　　是☐　否☐

让自己成长的问题 30

你会认真感谢自己吗？　　是☐　否☐

让自己成长的问题 31

你会过分迁就他人吗? 　　　　　是□　否□

让自己成长的问题 32

你会把时间花在自己喜欢的事情上吗?

　　　　　　　　　　　　　　　是□　否□

让自己成长的问题 33

你身处在与人为善的环境里吗? 　是□　否□

让自己成长的问题 34

你会过于自责吗? 　　　　　　　是□　否□

让自己成长的问题 35

你会过度谦虚吗? 　　　　　　　是□　否□

让自己成长的问题 36

在帮助他人前,你是否已经站稳脚跟了?

　　　　　　　　　　　　　　　是□　否□

让自己成长的问题 37

你会寻找自己的人生价值吗? 　　　　是 □　否 □

让自己成长的问题 38

你能用语言清楚地描述自己的理想状态吗?

是 □　否 □

让自己成长的问题 39

你能说出自己的 100 个优点吗? 　　　是 □　否 □

让自己成长的问题 40

你会强迫自己把日程安排得满满当当吗?

是 □　否 □

让自己成长的问题 41

你会考虑别人的幸福吗? 　　是 □　否 □

让自己成长的问题 42

你会赞美别人吗? 　　　　　是 □　否 □

让自己成长的问题 43

你是身上带有刻板印象的典型人物吗？　　是□　否□

让自己成长的问题 44

你会让对方获得利益吗？　　是□　否□

让自己成长的问题 45

你在待人接物时能让对方感到舒心吗？　　是□　否□

让自己成长的问题 46

你重视饱含心意的行为吗？　　是□　否□

让自己成长的问题 47

你在听别人说话时会边听边点头吗？　　是□　否□

让自己成长的问题 48

你会诚恳地表达自己的感激之情吗？　　是□　否□

让自己成长的问题 49

你能控制好自己的情绪吗？　　是□　否□

让自己成长的问题 50

你会照顾那些地位高于自己的人的感受吗?

是□　否□

让自己成长的问题 51

你会一直都向帮助过自己的人表达感谢吗?

是□　否□

让自己成长的问题 52

你能灵活地接受别人的意见吗?　　是□　否□

让自己成长的问题 53

你会笑谈自己的失败经历吗?　　是□　否□

让自己成长的问题 54

你会被对方的头衔身份吓倒吗?　　是□　否□

让自己成长的问题 55

你会与人共享吗?　　是□　否□

让自己成长的问题 56

你会因为害怕受伤而畏缩不前吗？　　　是☐　否☐

让自己成长的问题 57

你会毫不犹豫地伸出援手吗？　　　是☐　否☐

让自己成长的问题 58

你会只听信一面之词就做出判断吗？　　　是☐　否☐

让自己成长的问题 59

你总爱否定一切吗？　　　是☐　否☐

让自己成长的问题 60

你会使用正能量词语吗？　　　是☐　否☐

让自己成长的问题 61

你觉得自己幸运吗？　　　是☐　否☐

让自己成长的问题 62

你会安慰鼓励周围的人吗？　　　是☐　否☐

让自己成长的问题 63

你觉得这条信息的来源可靠吗？　　　　是☐　否☐

让自己成长的问题 64

你有读书的习惯吗？　　　　是☐　否☐

让自己成长的问题 65

你有反复阅读到能够背诵的书籍吗？　　　　是☐　否☐

让自己成长的问题 66

你珍惜挑战精神吗？　　　　是☐　否☐

让自己成长的问题 67

你能不惧失败坚持挑战吗？　　　　是☐　否☐

让自己成长的问题 68

你觉得无须在乎外表吗？　　　　是☐　否☐

让自己成长的问题 69

你准备好迎接时代的变化了吗？　　　　是☐　否☐

让自己成长的问题 70

你会提高对成功信息的敏感度吗？　　　是☐　否☐

让自己成长的问题 71

你有不输于别人的强项吗？　　　是☐　否☐

让自己成长的问题 72

你注意到自己的才能了吗？　　　是☐　否☐

让自己成长的问题 73

你能说清楚为什么做某件事情吗？　　　是☐　否☐

让自己成长的问题 74

你能认真做事，不找借口逃避吗？　　　是☐　否☐

让自己成长的问题 75

你有拖延症吗？　　　是☐　否☐

让自己成长的问题 76

你会舍近求远地寻找机会吗？　　　是☐　否☐

让自己成长的问题 77

你会给自己投资吗？　　　　　　　　　　是□　　否□

让自己成长的问题 78

你是只凭着感觉前行吗？　　　　　　　　是□　　否□

让自己成长的问题 79

你身处的环境能够帮助你掌握精英的思维方式吗？

　　　　　　　　　　　　　　　　　　　是□　　否□

让自己成长的问题 80

你会定期去接触成功者吗？　　　　　　　是□　　否□

让自己成长的问题 81

你在请教他人时，可以放下自我吗？　　　是□　　否□

让自己成长的问题 82

你捕捉到的灵感多吗？　　　　　　　　　是□　　否□

让自己成长的问题 83

你还记得最初的喜悦吗？　　　　　　　　是□　　否□

让自己成长的问题 84

你在待人接物时态度傲慢吗？　　　　　是☐　否☐

让自己成长的问题 85

你会寻找别人成功的原因吗？　　　　　是☐　否☐

让自己成长的问题 86

你会推卸责任吗？　　　　　　　　　　是☐　否☐

让自己成长的问题 87

你会被外界的诱惑吸引吗？　　　　　　是☐　否☐

让自己成长的问题 88

你会全力以赴吗？　　　　　　　　　　是☐　否☐

让自己成长的问题 89

你会用力过度吗？　　　　　　　　　　是☐　否☐

让自己成长的问题 90

你会在工作中追求更高的目标吗？　　　是☐　否☐

让自己成长的问题 91

你会脚踏实地地完成每一项任务吗？　　　　是□　否□

让自己成长的问题 92

你会强行追求目标吗？　　　　是□　否□

让自己成长的问题 93

你有让自己为之激动的梦想吗？　　　　是□　否□

让自己成长的问题 94

你能用简单明了的语言将自己的梦想描述清楚吗？

是□　否□

让自己成长的问题 95

你会公开自己的梦想吗？　　　　是□　否□

让自己成长的问题 96

你有理想的未来蓝图吗？　　　　是□　否□

让自己成长的问题 97

你会帮助别人实现梦想吗？　　　　是□　否□

让自己成长的问题 98

你的生活方式值得下一代人效仿吗？　　　是□　否□

让自己成长的问题 99

你期待自己的未来吗？　　　是□　否□